电路与电子技术实验教程

主　编　李　姿　梁　爽
副主编　杨冶杰　陈玉玲　张可菊

北京理工大学出版社
BEIJING INSTITUTE OF TECHNOLOGY PRESS

内容简介

本书适用于《电路基础》《数字电子技术基础》和《模拟电子技术基础》教材对应的实验内容，本书内容以NEEL-Ⅱ网络型电工实验台为基础进行说明，其内容包括：第1章是电路实验内容，介绍常用电路基本元器件特性及使用方法、电路定理的实践性学习、交流及三相电路的测量、频域与时域的研究、正弦稳态电路分布参数的测量等基础实验；第2章是数字电子技术实验内容，介绍常用的组合电路模块和时序电路模块进行逻辑功能的验证及基本应用的设计；第3章是模拟电子技术实验内容，介绍电子元器件的性能测试及使用、各种放大电路、振荡电路及集成运算放大器等实验；第4章是典型电子电路实训内容，介绍典型电子电路的调试、安装和焊接；第5章是实验仪器内容，介绍相应的电压表、电流表等仪器。

本书适合电子信息类、电气类及相近专业的大学本科、专科学生作为电路及电子技术实验教材使用，也可供有关教师及从事电子技术工作的工程技术人员参考使用。

图书在版编目（CIP）数据

电路与电子技术实验教程 / 李姿，梁爽主编. —北京：北京理工大学出版社，2018.8 (2024.2 重印)

ISBN 978-7-5682-6265-1

Ⅰ. ①电…　Ⅱ. ①李… ②梁…　Ⅲ. ①电路－实验－高等学校－教材 ②电子技术－实验－高等学校－教材　Ⅳ. ①TM13-33 ②TN-33

中国版本图书馆 CIP 数据核字（2018）第 201555 号

出版发行 / 北京理工大学出版社有限责任公司
社　　址 / 北京市海淀区中关村南大街5号
邮　　编 / 100081
电　　话 /（010）68914775（总编室）
　　　　（010）82562903（教材售后服务热线）
　　　　（010）68944723（其他图书服务热线）
网　　址 / http://www.bitpress.com.cn
经　　销 / 全国各地新华书店
印　　刷 / 三河市华骏印务包装有限公司
开　　本 / 787 毫米 ×1092 毫米　1/16
印　　张 / 9.25
字　　数 / 220 千字
版　　次 / 2018 年 8 月第 1 版　2024 年 2 月第 4 次印刷
定　　价 / 29.00 元

责任编辑 / 杜春英
文案编辑 / 党选丽
责任校对 / 周瑞红
责任印制 / 李志强

前言 Preface

为了满足电路与电子技术实验教学的需求，加强对学生电路基础实验的训练，突出对学生应用能力的培养，我们根据多年的教学经验，在修改、提炼校内实验讲义的基础上，编写了这本实验教材。本教材内容涵盖了电路基础、数字电子技术与模拟电子技术实验以及电子技术实训等内容，既适用于高等学校电类专业，也适用于高等学校非电类专业。

本教材具有以下特点：

（1）在教学理念上，保证实验的完整性。每个实验的教学目标明确，并给出了必要的实验预习提示，方便学生提前预习。每个实验的步骤清晰、数据完整，指导教师也可根据学生所学专业和课程学时数选择实验项目、安排相应的实验任务。

（2）在课堂教学方法上，以学生为中心，强调实验的预习环节。强调实验环节以学生自主学习为主的教学模式，在实验前要求学生运用相关的理论知识，根据实验电路图自行完成实验内容。教师在实验过程中是“导演”的角色，改变以往学生在实验环节中过分依赖教师的习惯。

（3）实验内容丰富，循序渐进。在设置实验环节的内容时，既考虑了课程内容中的验证性实验和综合性实验的配比，又考虑到了“电路基础”“数字电子技术基础”和“模拟电子技术基础”3门课程之间的实训内容。按照从课程到课程组的自然过渡，帮助学生系统地学习电类的基础课程，能将所学内容真正融入电子电路的分析中。

本教材在结构上分为5章。其中，第1章为电路实验；第2章为数字电子技术实验；第3章为模拟电子技术实验；第4章为典型电子电路实训；第5章为实验仪器。

本教材由李姿、杨冶杰编写第1章，张可菊编写第2章，陈玉玲编写第3章，杨冶杰编写第4章，梁爽、陈玉玲编写第5章。全书由杨冶杰统稿。本书在编写过程中得到了沈阳工学院领导的大力支持和帮助，在此表示衷心感谢。

由于编者水平有限，书中的错误、疏漏在所难免，恳请读者批评指正。

编　者

2018年3月

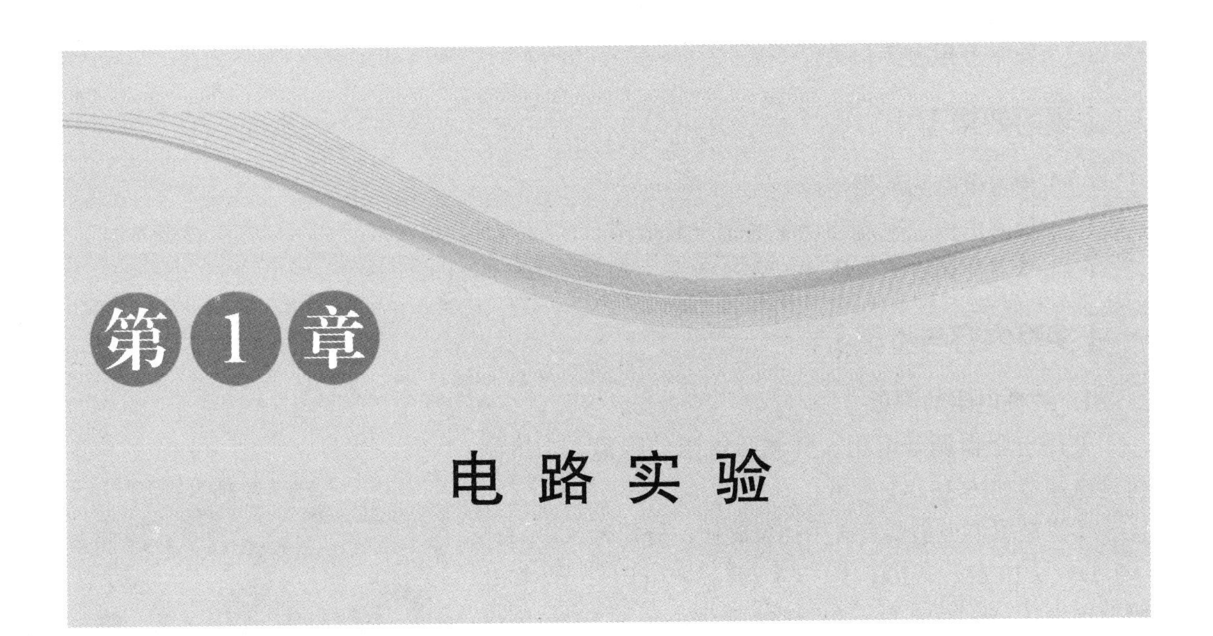

1.1 电阻、电压、电流和功率的测量

【实验目的】

（1）掌握用数字万用表测量电阻的方法。
（2）掌握用数字万用表测量电压、电流和功率的方法。
（3）熟悉测量误差和减小测量误差的方法。
（4）学习测量数据的处理方法。

【实验原理】

有两种可以得到测量结果的测量方法：直接测量和间接测量。

直接测量是通过仪表直接测得被测量的值。通常测量电阻、电压与电流时，采用直接测量，即用欧姆表、电压表或电流表直接测得被测量的电阻值、电压值或电流值。在直接测量时，测量存在误差，故一般采用多次测量、取平均值的方法来减小误差，得到测量结果。

间接测量是通过直接测量得到的相关量，计算得到被测量的值。例如，测量电功率（以下简称功率）属于间接测量，通过直接测量得到电压值和电流值，再利用公式 $P=UI$ 计算得到功率值。

【实验仪器与设备】

（1）电路实验台（1台）。

（2）数字万用表（1块）。

【预习要求】

（1）预习电路的欧姆定律。
（2）预习电压、电流和功率的定义及应用。
（3）学习使用直流电压表、直流电流表和万用表的测量方法。

【实验内容与步骤】

1. 线性电阻的测量

使用电阻器调节电阻，并测量电阻的阻值。十进制可调电阻器如图1–1–1所示。

十进制可调电阻器有6个挡位旋钮，分别为×0.1 Ω、×1 Ω、×10 Ω、×100 Ω、×1 kΩ、×10 kΩ，调节电阻范围为0.1~99 999.9 Ω。如调整电阻器电阻537 Ω，则将“×100 Ω”挡旋钮旋转到“5”，“×10 Ω”挡旋钮旋转到“3”，“×1 Ω”挡旋钮旋转到“7”即可。

（1）将电阻器调节为如表1–1–1所示的数值。

（2）用数字万用表的“电阻”挡测量其阻值，将测量值填入表1–1–1中。

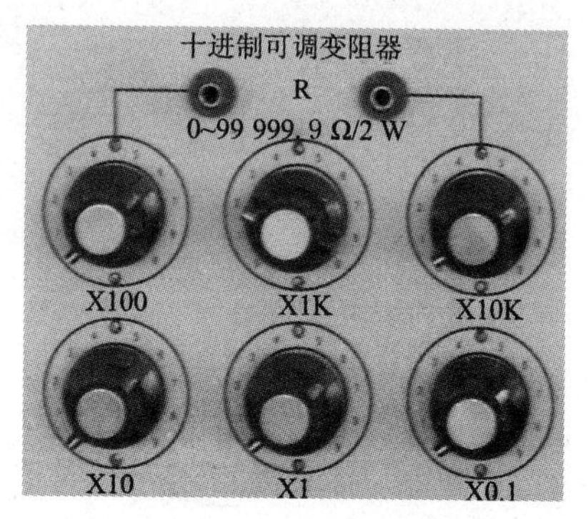

图1–1–1　十进制可调电阻器

表1–1–1　线性电阻的测量数据

电阻器调整值	51 Ω	235 Ω	3.5 kΩ
万用表测量值			

2. 非线性电阻的测量

分别用数字万用表“电阻”挡的“kΩ”“MΩ”挡位，测量二极管1N4007的正向电阻，即红表笔接二极管的正极端（红色插孔），黑表笔接二极管的负极端（黑色插孔），并将测量值填入表1–1–2中。同时测量二极管1N4007的反向电阻，即黑表笔接二极管的正极端（红色插孔），红表笔接二极管的负极端（黑色插孔），并将反向电阻测量值填入表1–1–2中。

表1–1–2　非线性电阻的测量数据

电阻类型	正向电阻	反向电阻
测量值		

3. 直流电压与电流的测量

测量电路所用电阻在图1–1–2所示的电路板中，直流电压、直流电流和功率测量的实验电路如图1–1–3所示。

（1）选择图1–1–2实验板上的电阻，按图1–1–3连接电路。

（2）调节直流稳压电源的电压U_S=6 V，接入电路中。

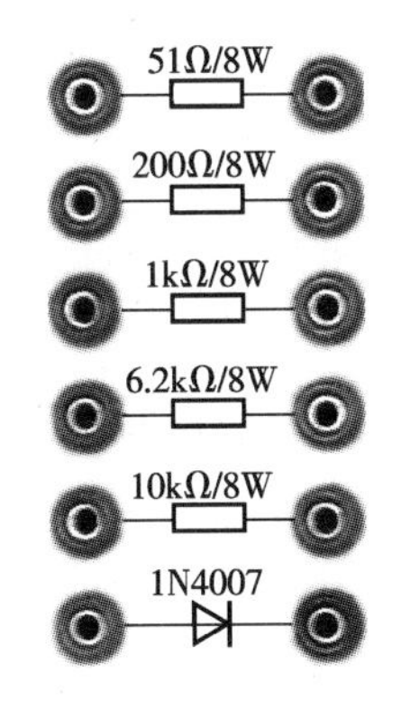

图 1–1–2　电阻元件电路板

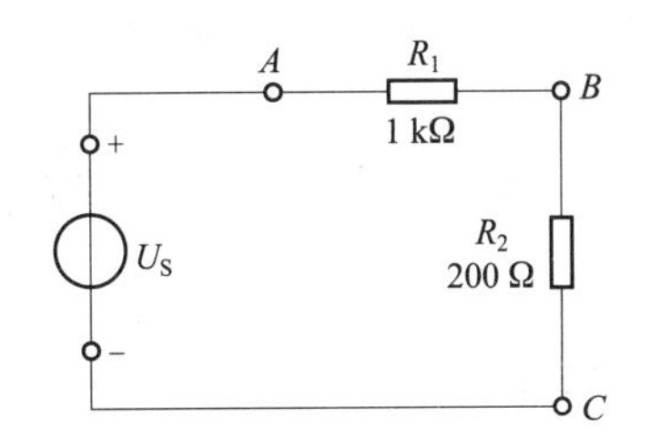

图 1–1–3　直流电压、直流电流和功率测量的实验电路

（3）用实验台的数字直流电压表、数字直流电流表选择合适的挡位，测量直流电压和直流电流，并将测量值填入表 1–1–3 中。

（4）直流电流与直流电压各测量 3 次，并计算出平均值，填入表 1–1–3 中。

表 1–1–3　直流电压与直流电流的测量数据

测量值 / 测量次数	U_{AB}/V	U_{BC}/V	U_{AC}/V	I/mA
第 1 次测量				
第 2 次测量				
第 3 次测量				
平均值				

4. 功率的测量

（1）将上述测量得到的电压、电流的平均值填入表 1–1–4 中。

（2）利用公式 $P=UI$ 计算得到功率值，填入表 1–1–4 中。

表 1–1–4　直流功率的测量数据

测量量	R_1	R_2	U_S
电压 U/V			
电流 I/ mA			
功率 P/mW			

【实验报告】

（1）整理报告中的实验数据。

（2）回答【问题讨论】中的内容。

【实验注意事项】

（1）测量电阻元件时，数字万用表要选择合适的量程。

（2）测量电压、电流时，直流电压表和直流电流表的测量极性要与被测极性相符，否则测量数值前面要加负号。

（3）测量功率时，由于实验台并不能直接测量出功率值，故需认真思考如何得出相应元件的功率值。

【问题讨论】

（1）用数字万用表的不同挡位测量同一个电压或电流，结果如何？如何提高测量精度？

（2）功率何时为正值，何时为负值？

（3）电路中电阻 R_1、R_2 的功率与电压源的功率满足何种关系？

1.2 电路元件伏安特性的测量

【实验目的】

（1）学习测量电阻元件伏安特性的方法。

（2）掌握线性电阻元件、非线性电阻元件伏安特性的逐点测试法。

（3）掌握直流稳压电源和直流电压表、直流电流表的使用方法。

【实验原理】

在任何时刻，线性电阻元件两端的电压与电流的关系都符合欧姆定律。任何一个二端电阻元件的特性都可用该元件上的端电压 U 与通过该元件的电流 I 之间的函数关系式 $I=f(U)$ 来表示，即用 I–U 平面上的一条曲线来表征。这条曲线称为电阻元件的伏安特性曲线。

根据伏安特性的不同，电阻元件分为两大类：线性电阻和非线性电阻。线性电阻元件的伏安特性曲线是一条通过坐标原点的直线，如图 1–2–1（a）所示。该直线的斜率只由电阻元件的电阻值 R 决定，其阻值 R 为常数，与元件两端的电压 U 和通过该元件的电流 I 无关；非线性电阻元件的伏安特性曲线不是一条经过坐标原点的直线，其阻值 R 不是常数，即在不同的电压作用下，电阻值是不同的。常见的非线性电阻（如白炽灯丝、普通二极管、稳压二极管等）的伏安特性曲线如图 1–2–1(b)、1–2–1(c) 和 1–2–1(d) 所示。在图 1–2–1 中，$U>0$ 的部分为正向特性；$U<0$ 的部分为反向特性。

绘制伏安特性曲线通常采用逐点测试法，电阻元件在不同的端电压 U 作用下，测量出相应的电流 I，然后逐点绘制出伏安特性曲线 $I=f(U)$，根据伏安特性曲线便可计算出电阻元件的阻值。

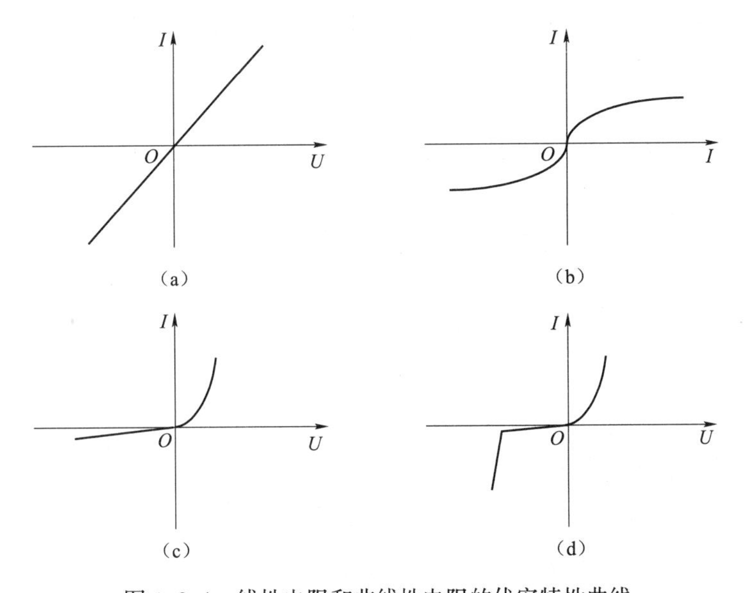

图 1-2-1　线性电阻和非线性电阻的伏安特性曲线

（a）线性电阻；（b）白炽灯丝；（c）普通二极管；（d）稳压二极管

【实验仪器与设备】

（1）电路实验台（1 台）

（2）数字万用表（1 块）

【预习要求】

（1）预习线性电阻和非线性电阻的伏安特性。

（2）学习使用直流电压表、直流电流表和数字万用表的测量方法。

【实验内容与步骤】

1. 测定线性电阻的伏安特性

测定线性电阻的伏安特性按图 1-2-2 所示接线。调节直流稳压电源的输出电压 U，从 0 开始缓慢地增加（不得超过 10 V），在表 1-2-1 中记下相应直流电压表和直流电流表的读数。

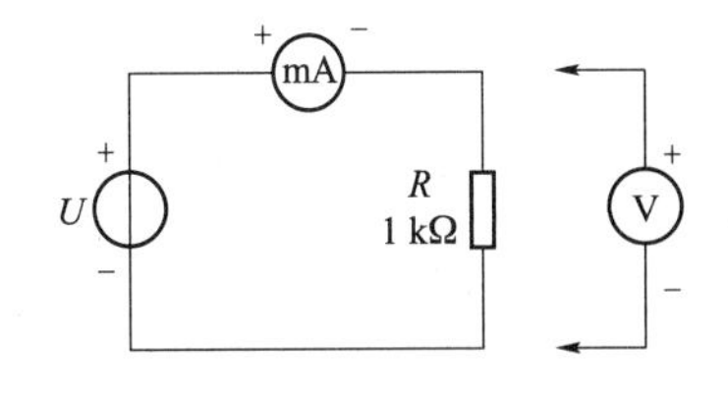

图 1-2-2　测定线性电阻的伏安特性

表 1-2-1　测定线性电阻的伏安特性

U/V											
I/mA											

2. 测定白炽灯泡的伏安特性

将图 1-2-2 中的 1 kΩ 线性电阻 R 换成一只 12 V、0.1 A 的灯泡，重复步骤 1，在表 1-2-2 中记下相应直流电压表和直流电流表的读数。

表 1-2-2　测定白炽灯泡的伏安特性

U/V													
I/mA													

3. 测定半导体二极管的伏安特性

按图 1-2-3 接线，R 为限流电阻，取 200 Ω，二极管的型号为 1N4007。测二极管的正向特性时，其正向电流不得超过 35 mA，二极管 D 的正向压降 U_{D}+ 可在 0~0.75 V 间取值。特别是在 0.5~0.75 V 更应取几个测量点。测反向特性时，将直流稳压电源输出端的正、负极连线互换，调节直流稳压输出电压 U，从 0 开始缓慢地增加，其反向施压 U_{D}− 可达 −30 V，数据分别填入表 1-2-3 和表 1-2-4 中。

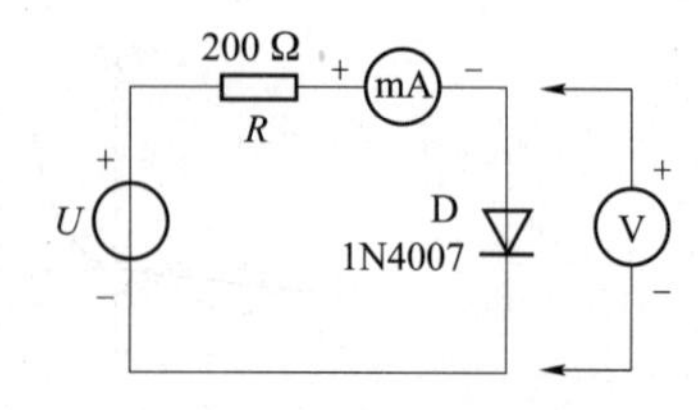

图 1-2-3　测定非线性电阻的伏安特性

表 1-2-3　测定半导体二极管的正向特性

U_{D}+/V										
I/mA										

表 1-2-4　测定半导体二极管的反向特性

U_{D}−/V							
I/mA							

4. 测定稳压二极管的伏安特性

1）正向特性实验

将图 1-2-3 中的二极管 1N4007 换成稳压二极管 2CW51，重复 3 中的正向测量。U_{Z}+ 为 2CW51 的正向电压，数据填入表 1-2-5 中。

表 1-2-5　测定稳压管的正向特性

U_{Z}+/V											
I/mA											

2）反向特性实验

将图 1-2-3 中的稳压二极管 2CW51 反接，测量 2CW51 的反向特性。稳压电源的输出电压 U 从 0~20 V 缓慢地增加，测量 2CW51 两端的反向电压 U_{Z}− 及电流 I，由 U_{Z}− 可看出其稳压特性。将数据填入表 1-2-6 中 。

表 1-2-6　测定稳压管的反向特性

U/V											
U_{Z}−/V											
I/mA											

【实验报告】

（1）整理报告中的实验数据。

（2）回答【问题讨论】中的内容。

【实验注意事项】

（1）测量时，可调直流稳压电源的输出电压由 0 缓慢逐渐增加，应时刻注意直流电压表和直流电流表，不能超过其规定值。

（2）直流稳压电源输出端正负输出线切勿直接短接。

（3）测量中，随时注意直流电流表的读数，及时更换电流表的量程，勿使仪表超其量程。注意仪表的正、负极性。

【问题讨论】

（1）线性电阻与非线性电阻的伏安特性有何区别？它们的电阻值与通过的电流有无关系？

（2）请举例说明哪些元件是线性电阻，哪些元件是非线性电阻，它们的伏安特性曲线是什么形状。

（3）设某电阻元件的伏安特性函数式为 $I=f(U)$，如何用逐点测试法绘制出伏安特性曲线？

1.3　电阻串联与并联的特性研究

【实验目的】

（1）验证电阻串联的电压、电流及电阻特性，加深对电阻串联的分压作用的理解。

（2）验证电阻并联的电压、电流及电阻特性，加深对电阻并联的分流作用的理解。

【实验原理】

1. 电阻串联的分压作用

电阻串联电路如图 1–3–1 所示。其分压关系为

$$U_1=U_S\frac{R_1}{R_1+R_2}$$

$$U_2=U_S\frac{R_2}{R_1+R_2}$$

2. 电阻并联的分流作用

电阻并联电路如图 1–3–2 所示。其分流关系为

$$I_1=I\frac{R_2}{R_1+R_2}$$

$$I_2=I\frac{R_1}{R_1+R_2}$$

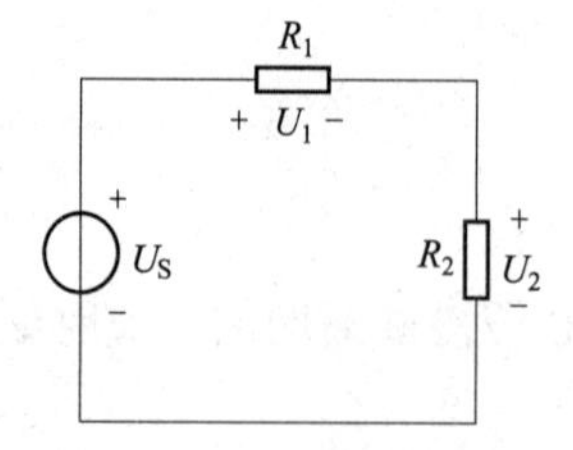

图 1-3-1　电阻串联电路

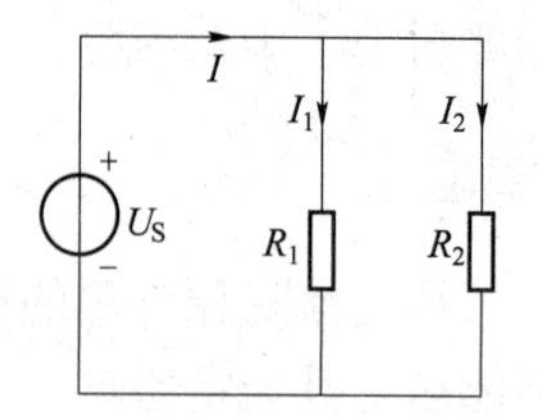

图 1-3-2　电阻并联电路

【实验仪器与设备】

（1）电路实验台（1 台）。

（2）数字万用表（1 块）。

【预习要求】

（1）预习电阻串、并联关系的定义。

（2）预习电阻串、并联的电压关系和电流关系。

（3）学习使用直流电压表、直流电流表和数字万用表的测量方法。

【实验内容与步骤】

1．电阻串联的特性

测量电阻串联的特性实验电路如图 1-3-3 所示。

1）电阻串联的电阻特性

（1）不接电源 U_S。

（2）用数字万用表“欧姆”挡依次测量 R_1、R_2、R_{AC} 的电阻值，并将测量值填入表 1-3-1 中。

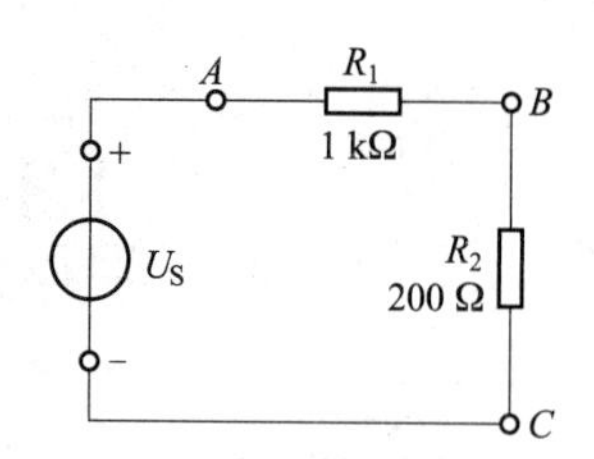

图 1-3-3　测量电阻串联的特性实验电路

表 1-3-1　测量电阻串联的电阻特性数据

被测量	R_1/Ω	R_2/Ω	R_{AC}/kΩ	总电阻与各电阻的关系
测量值				

2）电阻串联的电压特性

（1）调节直流稳压电源 U_S=6 V，接入电路。

（2）用直流电压表与直流电流表依次测量 U_S、U_{AB}、U_{BC}、电流 I，并将测量值填入表 1-3-2 中。

表 1-3-2　测量电阻串联的电压特性数据

被测量	U_S/V	U_{AB}/V	U_{BC}/V	I/mA	总电压与分电压的关系
测量值					

3）电阻串联的分压关系

（1）将上述测量的总电压与各分电压填入表 1–3–3 中。

（2）计算电阻串联电路中各电阻两端的电压，并将计算值填入表 1–3–3 中。

表 1–3–3　计算电阻串联电路中各电阻两端的电压　V

被测量	总电压 U_S	U_{R_1}	U_{R_2}	分压公式
测量值				
计算值				

2. 电阻并联的特性

测量电阻并联的特性实验电路如图 1–3–4 所示。

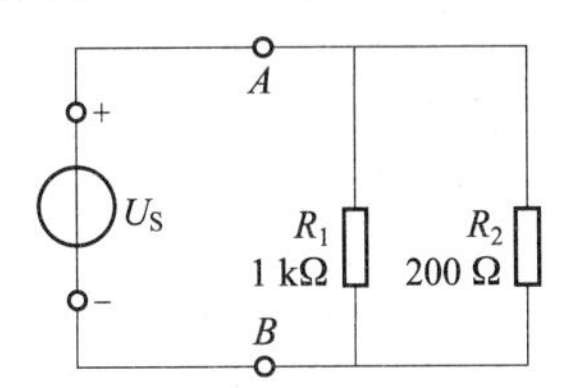

图 1–3–4　测量电阻并联的特性实验电路

1）电阻并联的电阻特性

（1）不接电源 U_S。

（2）用数字万用表“欧姆”挡依次测量 R_1、R_2、R_{AB} 的电阻值，并将测量值填入表 1–3–4 中。

表 1–3–4　测量电阻并联的电阻特性数据　Ω

被测量	R_1	R_2	R_{AB}	总电阻与各电阻的关系
测量值				

2）电阻并联的电流特性

（1）调节直流稳压电源 U_S=6 V，选择电阻 R_1、R_2 并按图 1–3–4 所示连接电路。

（2）用直流电流表与直流电压表依次测量总电流 I，流过电阻 R_1 与 R_2 的电流 I_{R_1}、I_{R_2}，总电压 U_{AB}，并将测量值填入表 1–3–5 中。

表 1–3–5　测量电阻并联的电流特性数据

被测量	I/mA	I_{R_1}/mA	I_{R_2}/mA	U_{AB}/V	总电流与分电流的关系
测量值					

3）电阻并联的分流关系

（1）将上述测量的总电流与各分电流填入表 1–3–6 中。

（2）计算电阻并联电路中的总电流和流过各电阻的电流，并将计算值填入表 1–3–6 中。

表 1–3–6　计算电阻并联电路中的总电流和流过各电阻的电流　mA

被测量	总电流 I	I_{R_1}	I_{R_2}	分流公式
测量值				
计算值				

【实验报告】

（1）整理报告中的实验数据并分析电阻串、并联的总电阻与各电阻的关系，总电压与各电阻两端电压的关系，总电流与流过各电阻电流的关系。

（2）回答【问题讨论】中的内容。

【实验注意事项】

（1）测量电阻元件时，万用表要选择合适的量程。

（2）测量电压、电流参数时，直流电压表和直流电流表的测量极性要与被测极性相符，否则测量数值前面要加负号。

【问题讨论】

（1）如果多个电阻串联，那么分压公式的形式如何？

（2）如果多个电阻并联，那么分流公式的形式如何？

1.4　基尔霍夫定律、叠加定理的验证

【实验目的】

（1）验证基尔霍夫电流定律，加深对节点电流关系的理解。

（2）验证基尔霍夫电压定律，加深对回路电压关系的理解。

（3）验证线性电路的叠加定理，加深对线性电路叠加性的理解。

（4）熟悉电源置零的处理方法。

（5）了解叠加定理的应用场合。

【实验原理】

1. 基尔霍夫电流定律

在电路中，任何时刻任意节点，流入与流出节点的电流的代数和为零，即

$$\sum i = 0$$

在实验中，测量出某节点连接的各个支路的电流，如果各个支路的电流的代数和为零，则验证了基尔霍夫电流定律是正确的。

2. 基尔霍夫电压定律

在电路中，任何时刻沿任意回路，所有支路电压的代数和为零，即

$$\sum u = 0$$

在实验中，选择一个回路，测量出回路中各部分的电压，如果各部分电压的代数和为零，则验证了基尔霍夫电压定律是正确的。

3. 叠加定理

叠加定理：线性电阻电路中，任一电压或电流都是电路中各个独立电源单独作用时，在该处产生的电压或电流的叠加。

电源单独作用指保留某一电源，把其他电源置零。

电压源置零指把该电压源短路。

电流源置零指把该电流源开路。

叠加定理反映了线性电路的叠加性。线性电路的齐次性是指当激励信号增加或减小 K 倍时，电路的响应也将增加或减小 K 倍。叠加性和齐次性都只适用于求解线性电路中的电流、电压。对于非线性电路，叠加性和齐次性都不适用。

【实验仪器与设备】

（1）电路实验台（1 台）。

（2）万用表（1 块）。

【预习要求】

（1）预习基尔霍夫定律的相关内容。

（2）预习叠加定理的相关内容。

（3）学习使用直流电压表、直流电流表和数字万用表的测量方法。

【实验内容与步骤】

1. 验证基尔霍夫电流定律

验证基尔霍夫电流定律的实验电路如图 1-4-1 所示，实验电路板如图 1-4-2 所示。

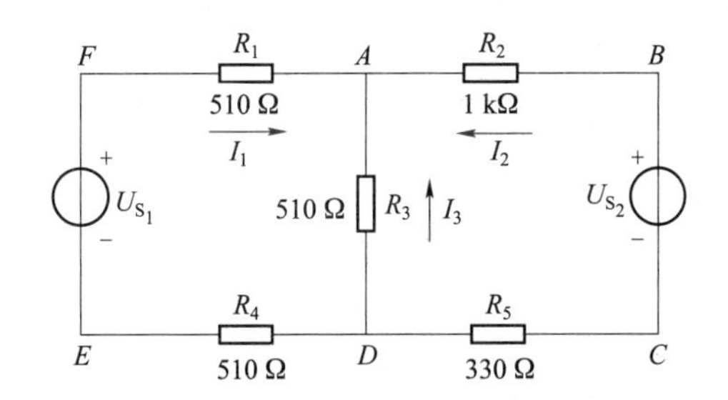

图 1-4-1 验证基尔霍夫电流定律的实验电路

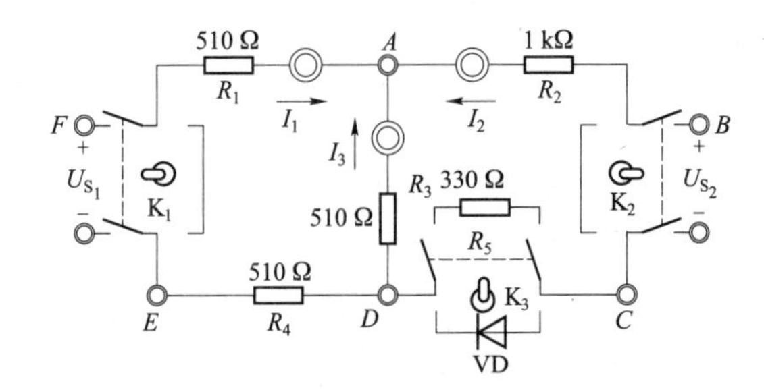

图 1-4-2 验证基尔霍夫电流定律的实验电路板

（1）调节直流稳压电源 U_{S_1}=12 V，U_{S_2}=6 V，接入图 1–4–2 所示电路中。将电路板上的 K_1 接通电源 U_{S_1}、K_2 接通电源 U_{S_2}、K_3 接通电阻 R_5。

（2）用直流电流表分别测量支路电流 I_1、I_2、I_3，并将测量值填入表 1–4–1 中。

注意：电流插头的红线端接直流电流表的正极端，电流插头的黑线端接直流电流表的负极端。

表 1–4–1　验证基尔霍夫电流定律的数据　mA

支路电流	I_1	I_2	I_3
测量值			

2. 验证基尔霍夫电压定律

验证基尔霍夫电压定律的实验电路见图 1–4–1，实验电路板见图 1–4–2。

（1）调节直流稳压电源 U_{S_1}=12 V，U_{S_2}=6 V，接入图 1–4–2 所示电路中。将电路板上的 K_1 接通电源 U_{S_1}、K_2 接通电源 U_{S_2}、K_3 接通电阻 R_5。

（2）用直流电压表测量各端电压 U_{S_1}、U_{S_2}、U_{AB}、U_{CD}、U_{AD}、U_{DE}、U_{FA}，并将测量值填入表 1–4–2 中。

表 1–4–2　验证基尔霍夫电压定律的数据　V

各端电压	U_{S_1}	U_{S_2}	U_{AB}	U_{CD}	U_{AD}	U_{DE}	U_{FA}
测量值							

3. 验证叠加定理

验证叠加定理的实验电路如图 1–4–3 所示，实验电路板见图 1–4–2。

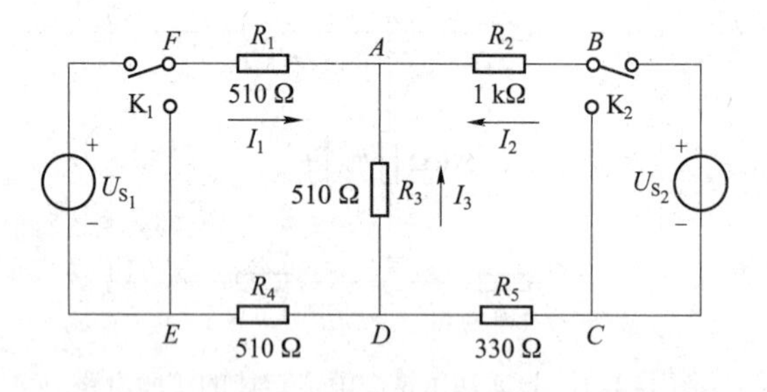

图 1–4–3　验证叠加定理的实验电路

（1）调整直流稳压电源 U_{S_1}=12 V，U_{S_2}=6 V，接入图 1–4–4 所示电路中，将开关 K_3 扳向电阻 R_5 一侧。

（2）电源 U_{S_1} 单独作用。将开关 K_1 扳向 U_{S_1} 电源一侧，开关 K_2 扳向短路线一侧。用直流电流表和直流电压表分别测量各支路电流及各电阻元件两端的电压，并将测量值填入表 1–4–3 中。

（3）电源 U_{S_2} 单独作用。将开关 K_1 扳向短路线一侧，开关 K_2 扳向 U_{S_2} 电源一侧。用直流电流表和直流电压表测量各支路电流及各电阻元件两端的电压，并将测量的数据填入

表 1–4–3 中。

（4）电源 U_{S1} 和 U_{S2} 共同作用。将开关 K_1 扳向 U_{S1} 电源一侧，开关 K_2 扳向 U_{S2} 电源一侧。用直流电流表和直流电压表分别测量各支路电流及各电阻元件两端的电压，并将测量的数据填入表 1–4–3 中。

表 1–4–3 验证叠加定理的数据

被测量	U_{S1}/V	U_{S2}/V	I_1/mA	I_2/mA	I_3/mA	U_{AB}/V	U_{CD}/V	U_{AD}/V	U_{DE}/V	U_{FA}/V
U_{S1} 单独作用	12	0								
U_{S2} 单独作用	0	6								
U_{S1}、U_{S2} 共同作用	12	6								

（5）非线性电路叠加定理的测量

将开关 K_3 扳向二极管侧，即电阻 R_5 换成一只二极管 1N4007，重复步骤（2）~（4）并将数据填入表 1–4–4 中。

表 1–4–4 非线性电路叠加定理的数据

被测量	U_{S1}/V	U_{S2}/V	I_1/mA	I_2/mA	I_3/mA	U_{AB}/V	U_{CD}/V	U_{AD}/V	U_{DE}/V	U_{FA}/V
U_{S1} 单独作用	12	0								
U_{S2} 单独作用	0	6								
U_{S1}、U_{S2} 共同作用	12	6								

【实验报告】

（1）整理报告表 1–4–3 中的实验数据，分析电流 I_1、I_2、I_3 的关系，并总结结论。

（2）整理报告表 1–4–3 中的实验数据，分析回路 *ADEFA* 各部分电压的关系、回路 *ABCDA* 各部分电压的关系，以及回路 *ABCDEFA* 各部分电压的关系，并总结结论。

（3）整理报告中的实验数据，分析 U_{S1}、U_{S2} 单独作用与 U_{S1}、U_{S2} 共同作用时各支路电流与电压的关系，并得出结论。

（4）回答【问题讨论】中的内容。

【实验注意事项】

（1）测量电压、电流参数时，直流电压表和直流电流表的测量极性要与被测极性相符，否则测量数值前面要加负号。

（2）测量电压、电流时，要注意选择合适的量程，以做到测量数据的准确性。

【问题讨论】

(1) 电流的参考方向改变，是否会影响结论?

(2) 在基尔霍夫电流定律中，各支路电流的正负是如何规定的?

(3) 电压的参考方向改变，是否会影响结论?

(4) 在基尔霍夫电压定律中，各支路电压的正负是如何规定的?

(5) 叠加定理中，不作用的理想独立电压源应如何处理? 可否将要去掉的电源 (U_{S1} 或 U_{S2}) 直接短接?

(6) 叠加定理中，不作用的理想独立电流源应如何处理?

(7) 实验电路中，若有一个电阻元件改为二极管，那么试问叠加性还成立吗? 为什么?

1.5 戴维南定理的研究

【实验目的】

(1) 加深对戴维南定理的理解。

(2) 熟悉戴维南定理的应用。

(3) 掌握测量有源二端网络等效参数的一般方法。

【实验原理】

1. 戴维南定理

一个含源二端网络可以用一个电压源和电阻的串联组合等效置换，此电压源的电压等于二端网络的开路电压，电阻等于二端网络全部独立电源置零后的输入电阻，如图 1-5-1 所示。

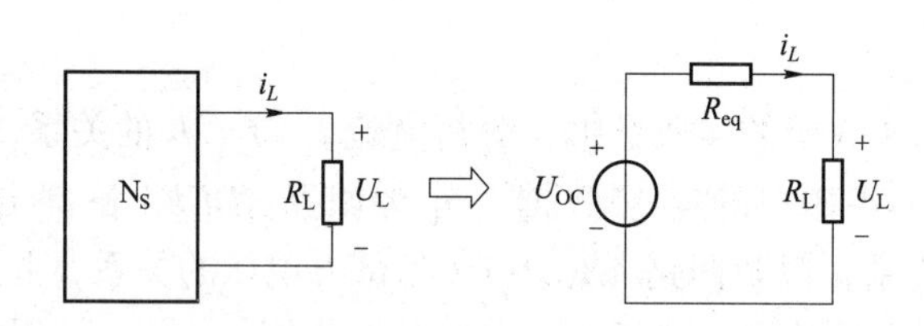

图 1-5-1 戴维南定理

2. 输入电阻 R_{eq} 的求法

1) 开路电压、短路电流法

在实验中常用开路电压、短路电流法求含源二端网络的输入电阻 R_{eq}。

在含源二端网络输出端开路时，用直流电压表直接测其输出端的开路电压 U_{OC}，然后将其输出端短路，测其短路电流 I_{SC}，则含源二端网络的输入电阻 R_{eq} 为

$$R_{eq}=\frac{输出端开路电压}{输出端短路电流}=\frac{U_{OC}}{I_{SC}}$$

若含源二端网络的内阻值很低，则不宜测其短路电流。

2）伏安法

一种方法是用直流电压表、直流电流表测出含源二端网络的外特性曲线，如图 1-5-2 所示。根据外特性曲线求出斜率 tgϕ，则输入电阻为

$$R_{eq}=\text{tg}\phi=\frac{\Delta U}{\Delta I}$$

另一种方法是测量含源二端网络的开路电压 U_{OC}，以及接负载时的额定电流 I_L 和对应的输出端额定电压 U_L，如图 1-5-1 所示，则输入电阻为

$$R_{eq}=\frac{U_{OC}-U_L}{I_L}$$

3）半电压法

如图 1-5-3 所示，当负载电压 U_L 为被测网络开路电压 U_{OC} 的一半时，负载电阻 R_L 与含源二端网络的输入电阻 R_{eq} 相等，此时负载电阻 R_L 大小即为被测含源二端网络的输入电阻 R_{eq} 的数值。

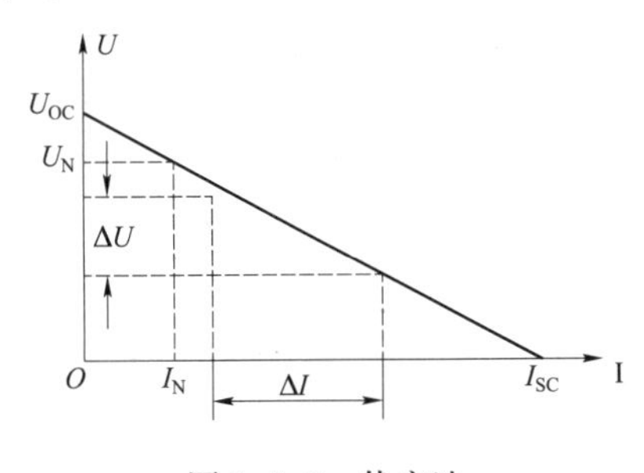

图 1-5-2　伏安法

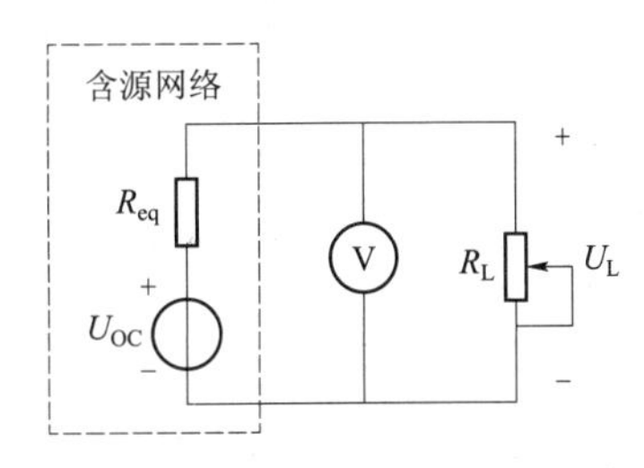

图 1-5-3　半电压法

【实验仪器与设备】

（1）电路实验台（1 台）。

（2）数字万用表（1 块）。

【预习要求】

（1）预习戴维南定理的相关内容。

（2）熟悉戴维南定理中输入电阻的求法。

（3）学习使用直流电压表、直流电流表和数字万用表的测量方法。

【实验内容与步骤】

测试戴维南定理的实验电路如图 1-5-4 所示，实验电路板如图 1-5-5 所示。

1. 测量戴维南等效电路参数

（1）调整电压源 U_S=12 V，电流源 I_S=10 mA，将 1 kΩ 可变电阻 R_L 接入图 1-5-5 所示的实验电路板。

（2）测量含源二端网络的开路电压 U_{OC}。将开关 K 扳向电阻 R_L 一侧，断开电阻 R_L，测量开路电压 U_{OC}，并将测量值记录在表 1-5-1 中。

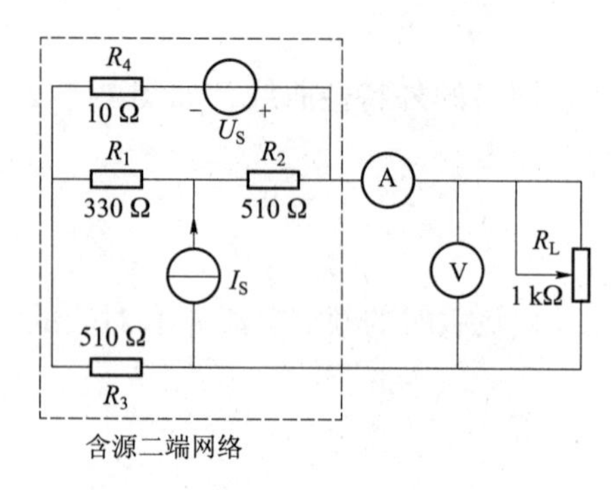

图 1-5-4　戴维南定理的实验电路

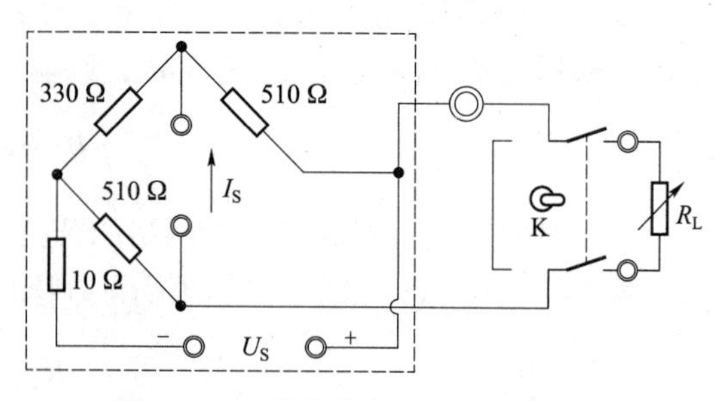

图 1-5-5　戴维南定理的实验电路板

（3）测量含源二端网络的短路电流 I_{SC}。将开关 K 扳向短路线一侧，将含源二端网络输出端短路，测量通过短路线的电流，并将测量值记录在表 1-5-1 中。

（4）依据表 1-5-1 中的数据，计算戴维南等效电阻 R_{eq}，将计算值填入表 1-5-1 中。

表 1-5-1　开路电压、短路法测定戴维南等效电路的参数

U_{OC}/V	I_{SC}/mA	$R_{eq}=\frac{U_{OC}}{I_{SC}}$/Ω

2. 测量含源二端网络的外特性

将负载电阻 R_L 的阻值调整为表 1-5-2 中负载电阻的取值，连接好负载电阻，测量负载电阻 R_L 两端的电压和流过的电流，并将测量值记录在表 1-5-2 中。

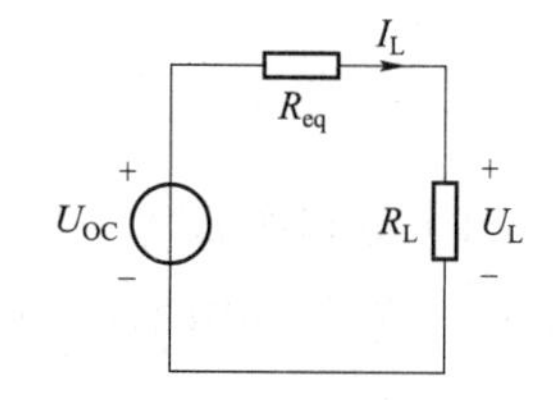

图 1-5-6　戴维南等效电路

3. 测量戴维南等效电路的外特性

（1）依据表 1-5-1 中的数据，按图 1-5-6 连接含源二端网络的戴维南等效电路。

注意：将电压源调整为 U_{OC}。

表 1-5-2　含源二端网络与戴维南等效电路外特性的测量数据

R_L/Ω		100	300	500	700	900
含源二端网络	U_L/V					
	I_L/mA					
戴维南等效电路	U_L/V					
	I_L/mA					

（2）将负载电阻 R_L 的阻值调整为表 1-5-2 中负载电阻的取值，连接好负载电阻，测量负载电阻 R_L 两端的电压和流过的电流，并将测量值记录在表 1-5-2 中。

4. 用半电压法测量戴维南等效电路各参数

（1）调整电压源 U_S=12 V，电流源 I_S=10 mA，并接入图 1-5-5 所示的实验电路板。

（2）测量含源二端网络的开路电压 U_{OC}。将开关 K 扳向电阻 R_L 一侧，不连接电阻 R_L，测量开路电压 U_{OC}，并将测量值记录在表 1-5-3 中。

表 1-5-3　半电压法测量戴维南等效电路各参数的数据

U_{OC}/V	U_L/V	R_L/Ω	R_{eq}/Ω

（3）测量含源二端网络的输入电阻 R_{eq}。将电阻箱连接到电路中负载电阻 R_L 处，将直流电压表连接到电阻箱两端，调整电阻箱的阻值，使电压表示数为开路电压 U_{OC} 的一半，此时电阻箱的阻值即为含源二端网络的输入电阻，并将测量值记录在表 1-5-3 中。

【实验报告】

（1）整理报告中的实验数据，分析含源二端网络与戴维南等效电路外特性的关系，它们对于相同的负载是否有等效性并得出结论。

（2）比较用开路电压、短路电流法与用半电压法测得含源二端网络输入电阻的结果。

（3）回答【问题讨论】中的内容。

【实验注意事项】

（1）测量电压、电流参数时，直流电压表和直流电流表的测量极性要与被测极性相符，否则测量数值前面要加负号。

（2）测量电压、电流时要注意选择合适的量程，以做到测量数据的准确性。

【问题讨论】

（1）如何测量含源二端网络的开路电压和短路电流？在什么情况下不能直接测量开路电压和短路电流？

（2）是否对任何含源二端网络求其戴维南等效电路的等效电阻都可以使用开路电压和短路电流法？

（3）说明测量含源二端网络等效内阻的几种方法，并比较其优缺点。

（4）戴维南定理的应用条件是什么？

1.6　*RC* 一阶电路充放电过程的测试

【实验目的】

（1）测定 *RC* 一阶电路的零输入响应、零状态响应及完全响应。

（2）学习电路时间常数的测定方法。

（3）掌握有关微分电路和积分电路的概念。

（4）进一步学会用慢扫描长余辉示波器（以下简称“示波器”）测绘图形。

【实验原理】

（1）动态网络的过渡过程是十分短暂的单次变化过程，对时间常数 τ 较大的电路，可用示波器来观察光点移动的轨迹。然而要想用一般的双踪示波器观察过渡过程和测量有关的参数，就必须使这种单次变化的过程重复出现。为此，利用信号发生器输出的方波来模拟阶跃激励信号，即令方波输出的上升沿作为零状态响应的正阶跃激励信号，方波下降沿作为零输入响应的负阶跃激励信号，只要选择方波的重复周期远大于电路的时间常数 τ，那么电路在这样的方波序列脉冲信号的激励下，它的影响和直流电源接通与断开的过渡过程是基本相同的。

（2）RC 一阶电路的零输入响应和零状态响应分别按指数规律衰减和增长，其变化的快慢取决于电路的时间常数 τ。

（3）时间常数 τ 的测定方法。如图 1-6-1（a）所示用示波器测得的 RC 一阶电路的零输入响应的波形如图 1-6-1（b）所示。利用一阶微分方程求解，可得

$$u_C = U_m e^{-\frac{t}{RC}} = U_m e^{-\frac{t}{\tau}}$$

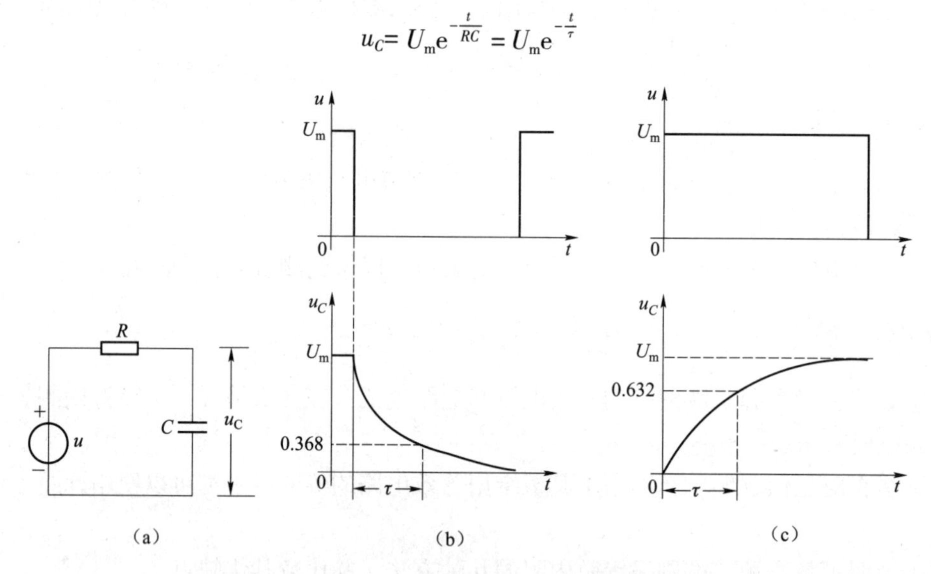

图 1-6-1　RC 一阶电路的零输入响应和零状态响应

（a）RC 一阶电路；（b）零输入响应；（c）零状态响应

当 $t=\tau$ 时，$U_C(\tau)=0.368U_m$，此时所对应的时间等于 τ。亦可用零状态响应波形增长到 $0.632U_m$ 所对应的时间测得，如图 1-6-1（c）所示。

（4）微分电路和积分电路是 RC 一阶电路中较典型的电路，它对电路元件参数和输入信号的周期有特定的要求。一个简单的 RC 串联电路，在方波序列脉冲的重复激励下，当满足 $\tau=RC \ll \frac{T}{2}$ 时（T 为方波脉冲的重复周期），且由 R 端作为响应输出，如图 1-6-2（a）所示。这就构成了一个微分电路，因为此时电路的输出信号电压与输入信号电压的微分成正比。若

将图 1–6–2（a）中的 R 与 C 的位置调换一下，即由 C 端作为响应输出，且当电路参数的选择满足 $\tau=RC>>\frac{T}{2}$［见图 1–6–2（b）］时，即构成积分电路，因为此时电路的输出信号电压与输入信号电压的积分成正比。

从输出波形来看，上述两个电路均起着波形变换的作用，请在实验过程中仔细观察与记录。

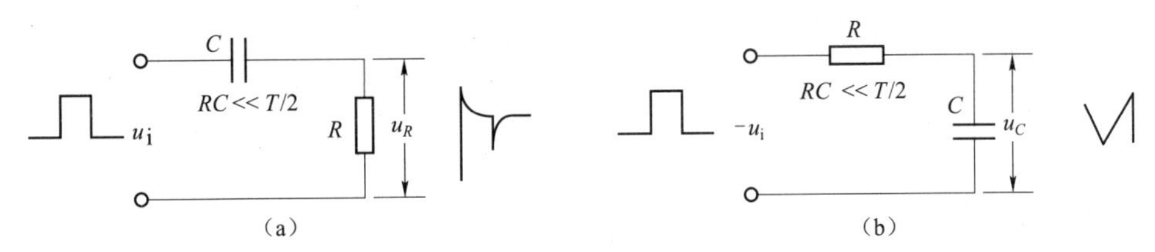

图 1–6–2　RC 一阶电路的微分电路和积分电路

（a）微分电路；（b） 积分电路

【实验仪器与设备】

（1）电路实验台（ 1 台）。

（2）双踪示波器（ 1 台）。

【预习要求】

（1）预习 RC 一阶电路充放电的相关内容。

（2）熟悉 RC 一阶电路充放电中元件参数对波形的影响。

（3）学习示波器的使用方法。

【实验内容与步骤】

实验线路板上认清 R、C 元件的布局及其标称值，各开关的通断位置等，如图 1–6–3 所示。

1. RC 一阶微分电路

（1）令 R=10 kΩ，C=1 000 pF，组成如图 1–6–1（a）所示的 RC 充放电电路，U_m 为函数信号发生器的输出信号。取 U_m=3 V，f=1 kHz 的方波电压信号，并通过两根同轴电缆线，将激励源 u 和响应 u_C 的信号分别连至示波器的两个输入口 Y_A 和 Y_B，这时可在示波器的屏幕上观察到激励与响应的变化规律，求测时间常数 τ，并描绘 u 及 u_C 的波形。

少量改变电容值或电阻值，定性观察它们对响应的影响，并记录观察到的现象。

（2）令 R=10 kΩ，C=6 800 pF，观察并描绘响应波形，继续增大 C 值，定性观察其对响应的影响。

2. RC 一阶积分电路

选择动态板上 R、C 元件，组成图 1–6–2（a）所示的微分电路，令 C=1 000 pF，R=1 kΩ。

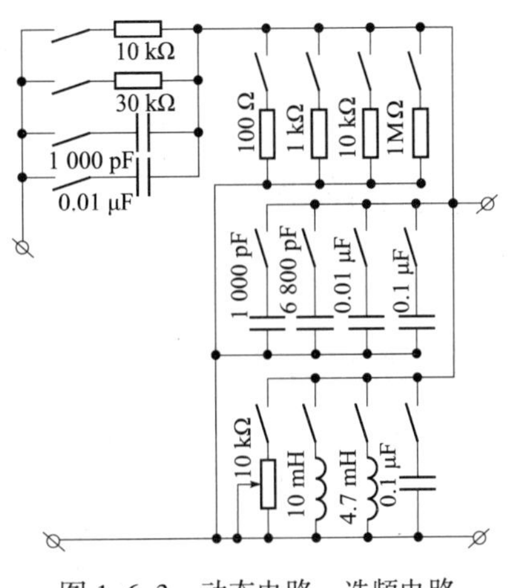

图 1–6–3　动态电路、选频电路

在同样的方波激励信号（U_m=3 V，f=1 kHz）作用下，观测并描绘激励与响应的波形。增减 R 值，定性观察其对响应的影响，并做记录。当 R 增至 $+\infty$ 时，输入、输出波形有何本质上的区别？

【实验报告】

（1）根据实验观测结果，在方格纸上绘出 RC 一阶电路充放电时 u_C 的变化曲线，由曲线测得 τ 值，并与参数值的计算结果作比较，分析误差原因。

（2）根据实验观测结果，归纳、总结积分电路和微分电路的形成条件，并阐明波形变换的特征。

【实验注意事项】

（1）示波器的辉度不要过亮。

（2）调节仪器旋钮时，动作不要过猛。

（3）调节示波器时，要注意触发开关和电平调节旋钮的配合使用，以使显示的波形稳定。

（4）做定量测定时，“t/div”和“v/div”的微调旋钮应旋至“校准”位置。

（5）为防止外界干扰，函数信号发生器的接地端与示波器的接地端要连接在一起（称为“共地”）。

【问题讨论】

（1）什么样的电信号可作为 RC 一阶电路零输入响应、零状态响应和完全响应的激励信号？

（2）已知 RC 一阶电路 R=10 kΩ，C=0.1 μF，试计算时间常数 τ，并根据 τ 值的物理意义，拟订测定 τ 的方案。

（3）何谓积分电路和微分电路？它们必须具备什么条件？它们在方波序列脉冲的激励下，其输出信号波形的变化规律如何？这两种电路有何功用？

1.7 *RLC* 串联电路的研究

【实验目的】

掌握在电阻、电容和电感串联电路中，总电压与各元件电压的相量关系。

【实验原理】

在 RLC 串联电路中，总电压与各分电压是相量和的关系，即有

$$\dot{U}=\dot{U}_1+\dot{U}_2+\cdots+\dot{U}_n=\sum_{k=1}^{n}\dot{U}_k$$

【实验仪器与设备】

（1）电路实验台（1 台）。
（2）交流电压表（1 块）。

【预习要求】

（1）预习 *RLC* 串联电路的相关内容。
（2）学习信号发生器、交流电压表的使用方法。

【实验内容与步骤】

1. *RC* 串联电路中电压的关系

RC 串联电路的实验电路如图 1–7–1 所示。

（1）调整信号发生器输出信号为电压有效值 U=5.00 V，频率 f=6 000 Hz 的正弦信号，连接图 1–7–1 电路。

（2）用交流电压表测量电压源、电阻、电容的电压值，并将测量值填入表 1–7–1 中。

（3）计算出总电流值，填入表 1–7–1 中。

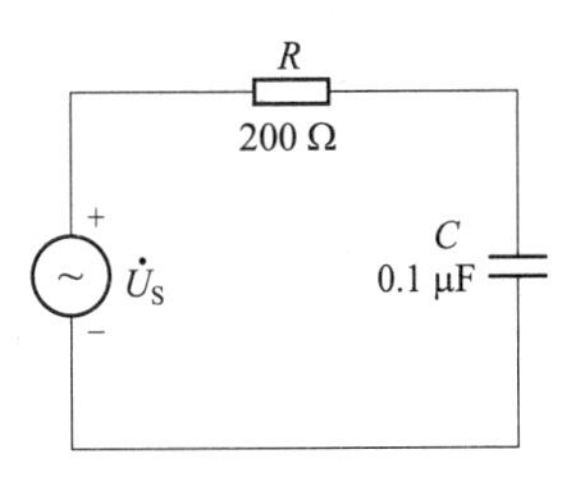

图 1–7–1　*RC* 串联电路的实验电路

表 1–7–1　测量电阻和电容串联电路的数据

U_S/V	U_R/V	U_C/V	I/mA

2. *RLC* 串联电路中电压的关系

RLC 串联电路的实验电路如图 1–7–2 所示。

（1）测量电感 L 的直流电阻 R_L，并将测量值填入表 1–7–2 中。

（2）调整信号发生器输出电压有效值 U=5.00 V，频率 f=6 000 Hz 的正弦信号，连接图 1–7–2 电路。

（3）用交流电压表测量电压源、电阻、电容、电感的电压值，并将测量值填入表 1–7–2 中。

（4）计算出总电流值，填入表 1–7–2 中。

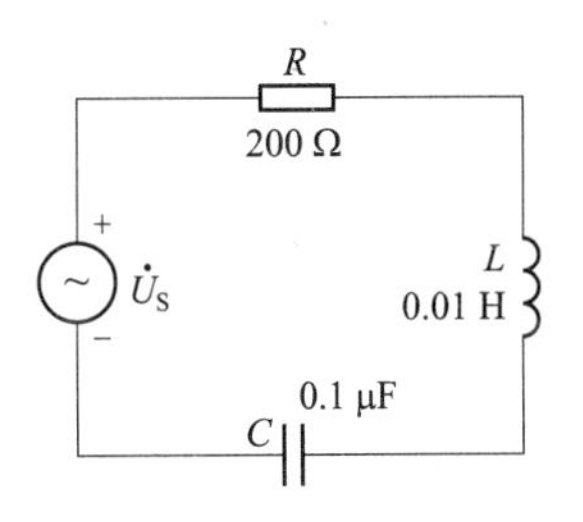

图 1–7–2　*RLC* 串联电路的实验电路

表 1–7–2　测量电阻、电容和电感串联电路的数据

R_L/Ω	U_S/V	U_R/V	U_L/V	U_C/V	I/mA

【实验报告】

（1）整理报告中的实验数据，分析在 *RC* 串联电路和 *RLC* 串联电路中总电压相量和各元件上的电压相量的关系。

（2）在相应的位置画出各电压的相量图。
（3）回答【问题讨论】中的内容。

【实验注意事项】

（1）一定要在带负载的情况下调整好需要的电源电压。
（2）利用交流电压表测量交变电压时，要调整好交流电压表的量程，并准确读数记录，做到测量数据的准确性。
（3）画相量图时，需要考虑好各元件之间的相位关系，并利用所学的方法正确画出相量图。

【问题讨论】

（1）在理想电阻、电容和电感串联电路中，画出电压三角形。
（2）理想电感的电压超前电流 90°，实际电感的电压与电流的相位关系如何？

1.8 *RLC* 并联电路的研究

【实验目的】

掌握在电阻、电容和电感并联电路中总电流与各元件电流的相量关系。

【实验原理】

在 *RLC* 并联电路中，总电流与各分电流是相量和的关系，即有

$$\dot{I} = \dot{I}_1 + \dot{I}_2 + \cdots + \dot{I}_n = \sum_{k=1}^{n} \dot{I}_k$$

【实验仪器与设备】

（1）电路实验台（1 台）。
（2）交流电压表（1 块）。

【预习要求】

（1）预习 *RLC* 并联电路的相关内容。
（2）学习信号发生器、交流电压表的使用方法。

【实验内容与步骤】

1. *RC* 并联电路中电流的关系

在交流电路中，当频率大于 500 Hz 时，电流不能用数字万用表测量，只能用间接测量

法测量 RC 并联电路中各支路电流，即利用欧姆定律 $I=U/R$，用交流电压表测量一个标准电阻的电压，电流有效值为电压有效值除以标准电阻的阻值。标准电阻 R_1 选取 100 Ω，由实验台的电阻箱获得。

RC 并联电路的实验电路如图 1-8-1 所示。

（1）调整信号发生器输出频率 f=6 000 Hz 的正弦信号，连接图 1-8-1 所示电路。

（2）调整信号发生器输出的幅度，使 AB 两端电压的有效值 U_{AB}=3.00 V。

（3）测量总电流。用交流电压表测量标准电阻 R_1 的电压 U_{R_1}，填入表 1-8-1 中；并计算总电流 I，填入表 1-8-1 中。

（4）测量流过电阻 R 的电流 I_R。用 U_{AB} 除以电阻 R，计算出流过电阻 R 的电流 I_R，填入表 1-8-1 中。

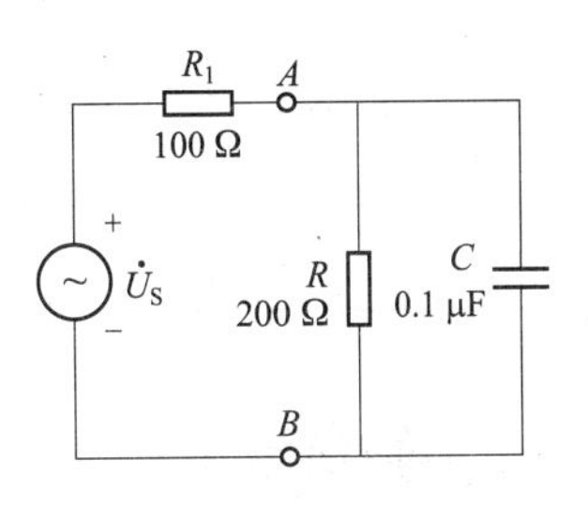

图 1-8-1　RC 并联电路的实验电路

（5）测量流过电容的电流 I_C。断开电阻 R，调整信号发生器输出的幅度，使 AB 电压的有效值 U_{AB}=3.00 V。用交流电压表测量标准电阻 R_1 的电压 U_{R_1}，填入表 1-8-1 中；并计算电流 I_C，填入表 1-8-1 中。

表 1-8-1　测量电阻和电容并联电路的数据

U_{AB}/V	R_1/Ω	I_R/mA	测量总电流		测量电容电流	
			U_{R_1}/V	I/mA	U_R/V	I_C/mA
	100					

2. RLC 并联电路中电流的关系

RLC 并联实验电路如图 1-8-2 所示。

（1）测量电感 L 的直流电阻 R_L，并将测量值记入表 1-8-2 中。

（2）调整信号发生器输出频率 f=6 000 Hz 的正弦信号，连接图 1-8-2 所示电路。

（3）调整信号发生器输出的幅度，使 AB 两端电压的有效值 U_{AB}=3.00 V。

（4）测量总电流。用交流电压表测量标准电阻 R_1 的电压 U_{R_1}，填入表 1-8-2 中；并计算总电流 I，填入表 1-8-2 中。

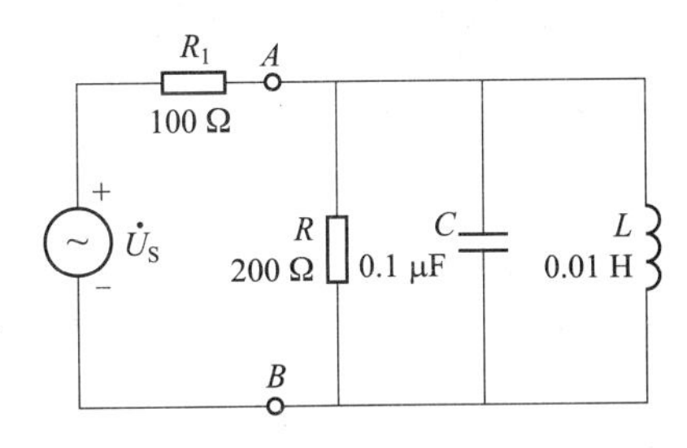

图 1-8-2　RLC 并联电路的实验电路

（5）测量流过电阻 R 的电流 I_R。用 U_{AB} 除以电阻 R，计算出流过电阻 R 的电流 I_R，记入表 1-8-2 中。

（6）测量流过电容 C 的电流 I_C。断开电阻 R 和电感 L，调整信号发生器输出的幅度，使 AB 电压的有效值 U_{AB}=3.00 V。用交流电压表测量标准电阻 R_1 的电压 U_{R_1}，填入表 1-8-2 中；并计算电流 I_C，填入表 1-8-2 中。

（7）测量流过电感 L 的电流 I_L。连接电感 L，断开电阻 R 和电容 C，调整信号发生器输出的幅度，使 AB 两端电压的有效值 U_{AB}=3.00 V。用交流电压表测量标准电阻 R_1 的电压，记入表 1-8-2 中；并计算电流 I_L，填入表 1-8-2 中。

表 1-8-2　测量电阻、电容和电感并联电路的数据

R_L/Ω	U_{AB}/V	R_1/Ω	I_R/mA	测量总电流		测量电感电流		测量电容电流	
				U_{R_1}/V	I/mA	U_{R_1}/V	I_L/mA	U_{R_1}/V	I_C/mA
		100							

【实验报告】

（1）整理报告中的实验数据，分析在 RC 并联电路和 RLC 并联电路中总电流相量和各元件上的电流相量的关系。

（2）在相应的位置画出各电压的相量图。

（3）回答【问题讨论】中的内容。

【实验注意事项】

（1）一定要在带负载的情况下调整好需要的电源电压。

（2）利用交流电压表测量交变电压时，要调整好交流电压表的量程，并准确读数记录，做到测量数据的准确性。

（3）画相量图时需要考虑好各元件之间的相位关系，并利用所学的方法正确画出相量图。

【问题讨论】

（1）在理想电阻、电容和电感并联电路中，画出电流三角形。

（2）理想电感的电压超前电流 90°，那么实际电感的电压与电流的相位关系如何？

1.9　功率因数的提高

【实验目的】

（1）研究正弦稳态交流电路中电压、电流相量之间的关系。

（2）掌握日光灯线路的接线。

（3）理解改善电路功率因数的意义并掌握其方法。

（4）掌握交流电压表、交流电流表、功率表的使用方法。

【实验任务】

（1）参照日光灯结构图，在实验装置上设计并实现该电路，并确定该电路的性质。

（2）分别测量日光灯电路在正常及启辉状态下的有功功率和功率因数；各元件的电压、电流有效值。

（3）设计提高功率因数的电路，并将功率因数提高到 0.80 以上，要求过补偿、欠补偿两种电路所需的电容。

【原理说明】

图 1-9-1 所示为发电机或变压器把能量经线路传送给感性负载的简化电路，设线路损耗的功率为 P_L，负载的吸收功率为 P_2，则输入效率 η 为

$$\eta=\frac{P_2}{P_2+P_L}\times 100\%$$

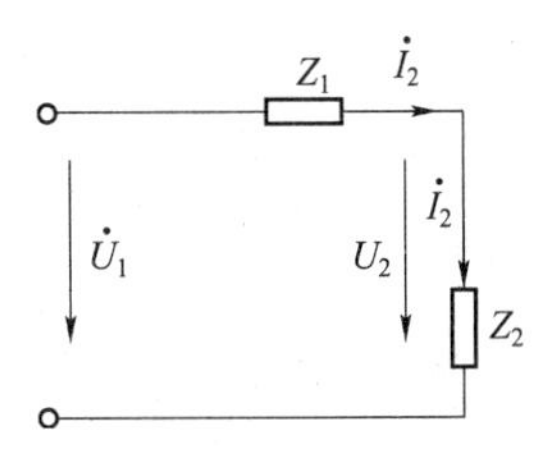

图 1-9-1　电源和感性负载的简化电路

感性负载的电流 I_2 滞后负载的电压 $U_2\varphi$ 角度，则负载吸收的功率 P_2 为

$$P_2=U_2I_2\cos\varphi_L$$

如果负载端的电压恒定，那么功率因数越低，线路上的电流越大，输电线损耗就越大，传输效率就越低。这样发电机得不到充分利用，这是很不经济的，所以提高线路系统的功率因数是很有意义的。

可通过在负载的两端并联电容器来提高功率因数。如图 1-9-2 所示，忽略线路的阻抗，在负载端电压保持不变的情况下，改变电容 C，则电流 I 的末端沿直线 MN 移动。根据 $\dot{I}_2=\dot{I}_L+\dot{I}_C$ 可知，C 的改变只影响系统的功率因数和电流 I_2 的角度，但不改变负载吸收的功率 P_2，即

$$P_2=U_2I_L\cos\varphi_L=U_2I_2\cos\varphi_2$$

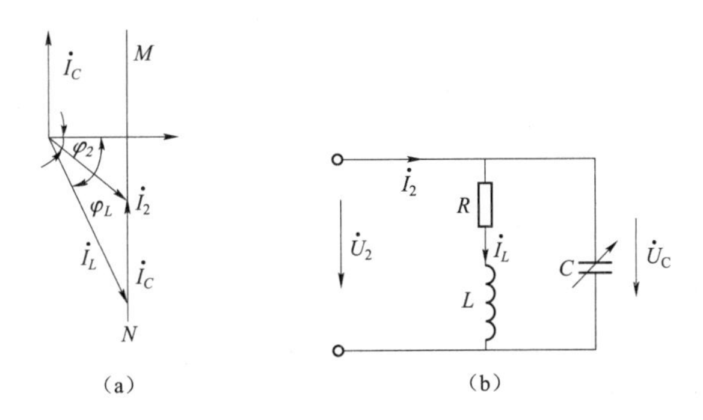

图 1-9-2　功率因数提高的电路

【实验仪器与设备】

（1）电路实验台（1 台）。

（2）交流电压表（1 块）。

（3）交流电流表（1 块）。

（4）功率表（1 块）。

（5）调压器（1 块）。

（6）镇流器、启辉器（1 块）。

（7）日光灯灯管（1 块）。

（8）电容器（若干）。

【预习要求】

（1）认真预习教材中的有关章节，了解日光灯的启辉原理。

（2）学习交流电压表、交流电流表、功率表和调压器的使用方法。

【实验内容与步骤】

1. 测量交流参数

测量交流参数可按图 1–9–3 接线。调节自耦调压器的输出，使其输出电压缓慢增大，直到日光灯刚启辉点亮为止，记下 3 个表的指示值。然后将电压调至 220 V，测量功率 P，电流 I，电压 U、U_L、U_A 等值，并填入表 1–9–1 中。

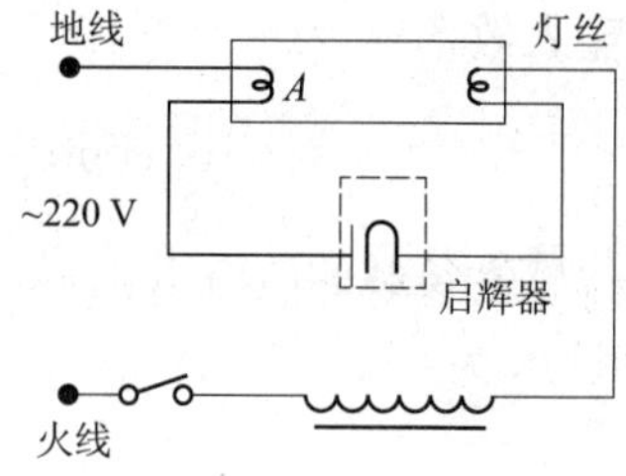

图 1–9–3　日光灯启辉器的原理

表 1–9–1　测量交流参数的数据

测　量　数　值							计算值	
被测量	P/W	$\cos\varphi$	I/A	U/V	U_L/V	U_A/V	r/Ω	$\cos\varphi$
启辉值								
正常工作值								

2. 提高功率因数

参考图 1–9–3，将功率因数提高到 0.8 以上所需要的电容并联在图上，保持电压 U=220 V，将测试结果填入表 1–9–2 中。

表 1–9–2　测量并联电容后的数据

电容值 / μF	测　量　数　值						计算值	
	P/W	$\cos\varphi$	U/V	I/A	I_L/A	I_C/A	I'/A	$\cos\varphi$

【实验报告】

（1）完成数据表格中的计算，进行必要的误差分析。

（2）画出提高功率因数日光灯的等效电路图，并计算相关电路元件的参数。

（3）讨论改善电路功率因数的意义和方法。

（4）装接日光灯线路的心得体会。

【实验注意事项】

（1）本实验用交流电压 220 V，务必注意用电和人身安全。

（2）功率表要正确接入电路。

（3）线路接线正确，日光灯不能启辉时，应检查启辉器及其接触是否良好。

【问题讨论】

（1）在日常生活中，当日光灯上缺少了启辉器时，人们常用一根导线将启辉器的两端短接一下，然后迅速断开，这是为什么？

（2）为了改善电路的功率因数，常在感性负载上并联电容器，此时增加了一条电流支路，试问电路的总电流是增大还是减小？此时感性元件上的电流和功率是否改变？

（3）提高线路功率因数为什么只采用并联电容器法，而不采用串联电容器法？所并的电容器是否越大越好？

1.10　*RLC* 串联谐振电路的研究

【实验目的】

（1）学习用实验方法绘制 *R*、*L*、*C* 串联电路的幅频特性曲线。

（2）加深理解电路发生谐振的条件、特点，掌握电路品质因数 *Q* 的物理意义及其测定方法。

【实验原理】

（1）在图 1–10–1 所示的 *RLC* 串联谐振电路中，当正弦交流信号源的频率 *f* 改变时，电路中的感抗、容抗随之改变，电路中的电流也随 *f* 改变。取电阻 *R* 上的电压 U_o 作为响应，当输入电压 U_i 的幅值维持不变时，在不同频率的信号激励下，测出 U_o 值，然后以 *f* 为横坐标，以 U_o/U_i 为纵坐标（因 U_i 不变，故也可直接以 U_o 为纵坐标），绘出光滑的曲线，即为幅频特性曲线，亦称谐振曲线，如图 1–10–2 所示。

（2）在 $f=f_0=\dfrac{1}{2\pi\sqrt{LC}}$ 处，即幅频特性曲线尖峰所在的频率点称为谐振频率。此时 $X_L=X_C$，电路呈纯阻性，电路阻抗的模为最小。在输入电压 U_i 为定值时，电路中的电流达到最大值，且与输入电压 U_i 同相位。从理论上讲，此时 $U_i=U_R=U_o$，$U_L=U_C=QU_i$，式中的 *Q* 称为电路的品质因数。

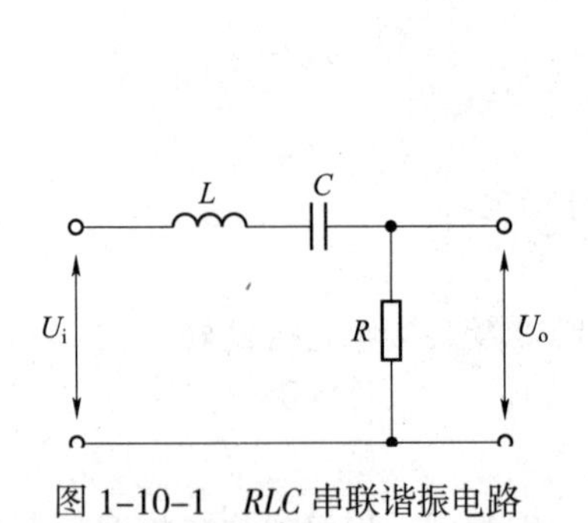

图 1-10-1　*RLC* 串联谐振电路

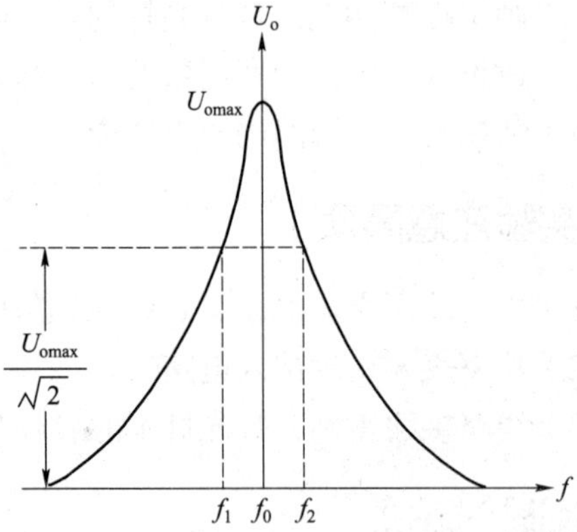

图 1-10-2　串联谐振曲线

（3）电路品质因数 Q 值的两种测量方法：一种是根据公式 $Q=\dfrac{U_L}{U_o}=\dfrac{U_C}{U_o}$ 测定，U_C 与 U_L 分别为谐振时电容器 C 和电感线圈 L 上的电压；另一种是通过测量谐振曲线的通频带宽度 $\Delta f=f_2-f_1$，再根据 $Q=\dfrac{f_0}{f_2-f_1}$ 求出 Q 值。式中，f_0 为谐振频率，f_2 和 f_1 是失谐时，即输出电压的幅度下降到最大值的 $1/\sqrt{2}$（=0.707）倍时的上、下频率点。Q 值越大，曲线越尖锐，通频带越窄，电路的选择性越好。在恒压源供电时，电路的品质因数、选择性与通频带只取决于电路本身的参数，而与信号源无关。

【实验仪器与设备】

（1）电路实验台（1 台）。

（2）交流电压表（1 块）。

（3）双踪示波器（1 块）。

【预习要求】

（1）复习有关串联、并联谐振的理论知识，掌握串联谐振的特征。

（2）学习交流电压表、交流电流表、功率表、调压器的使用方法。

【实验内容与步骤】

（1）按图 1-10-3 组成监视测量电路。先选用 C_1、R_1。用交流电压表测电压，用示波器监视信号源输出。令信号源输出电压 $U_i=4V_{P.P}$，并保持不变。

（2）找出电路的谐振频率 f_0。其方法是，将交流电压表接在 R（200Ω）两端，令信号源的频率由小逐渐变大（注意要维持信号源的输出幅度不变），当 U_o 的读数为最大时，读得频率计上的频率值即为电路的谐振频率 f_0，并测量 U_C 与 U_L 值（注意及时更换交流电压表的量程）。

（3）在谐振点两侧，按频率递增或递减 500 Hz 或 1 kHz，依次各取 8 个测量点，逐点测出 U_o、U_L、U_C 值，并将数据填入表 1-10-1 中。

（4）将电阻改为 R_2，重复步骤（2）和步骤（3）的测量过程，并将数据填入表 1-10-2。

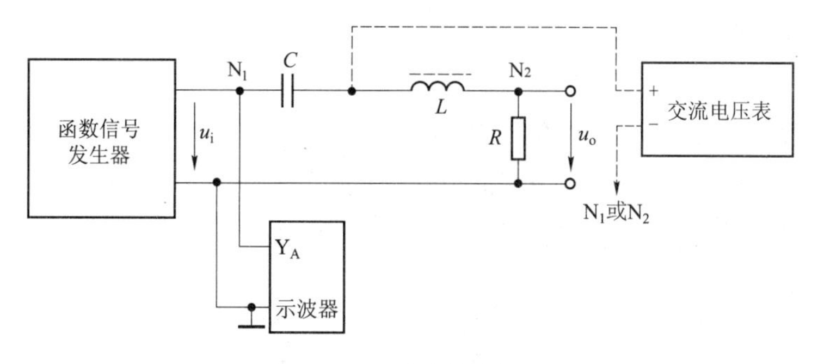

图 1-10-3　监视测量电路

表 1-10-1　*RLC* 谐振电路测量的数据

f/kHz																	
U_o/V																	
U_L/V																	
U_C/V																	
U_i=4V_{P-P}；C=0.01μF；R=510Ω；f_o=　　；f_1=　　；f_2=　　；Q=																	

表 1-10-2　*RLC* 谐振电路改变电阻之后测量的数据

f/kHz																	
U_o/V																	
U_L/V																	
U_C/V																	
U_i=4V_{P-P}；C=0.01μF；R=1 kΩ；f_o=　　；f_2−f_1=　　；Q=																	

（5）选 C_2，重复步骤（2）~（4）（自制表格，并将数据记录其中）。

【实验报告】

（1）根据实验线路板给出的元件参数值，估算电路的谐振频率。

（2）根据测量数据，绘出不同 Q 值时的 3 条幅频特性曲线，即

$$U_o=f(f),\quad U_L=f(f),\quad U_C=f(f)$$

（3）计算出通频带与 Q 值，说明不同 R 值时对电路通频带与品质因数的影响。

（4）对两种不同的测 Q 值的方法进行比较，分析其误差原因。

（5）谐振时，输出电压 U_o 与输入电压 U_i 是否相等？试分析原因。

（6）通过本次实验，总结、归纳串联谐振电路的特性。

【实验注意事项】

（1）测试频率点的选择应在靠近谐振频率附近多取几个点。在变换频率测试前，应调整

信号输出幅度（用示波器监视输出幅度），使其维持在 3 V。

（2）测量 U_C 和 U_L 数值前，应将交流电压表的量限改大，而且在测量 U_L 与 U_C 时交流电压表的“+”端应接 C 与 L 的公共点，其接地端应分别触及 L 和 C 的近地端 N_2 和 N_1。

（3）实验中，信号源的外壳应与交流电压表的外壳绝缘（不共地）。如能用浮地式交流电压表测量，则效果更佳。

【问题讨论】

（1）改变电路的哪些参数可以使电路发生谐振，电路中 R 的数值是否影响谐振频率值?

（2）如何判别电路是否发生谐振？测试谐振点的方案有哪些?

（3）电路发生串联谐振时，为什么输入电压不能太大? 如果信号源给出 3 V 的电压，电路谐振时，用交流电压表测 U_L 和 U_C，应该选择多大的量限?

（4）要提高 RLC 串联电路的品质因数，电路参数应如何改变?

（5）本实验在谐振时，对应的 U_L 与 U_C 是否相等? 如有差异，原因何在?

1.11 对称三相电路的研究

【实验目的】

（1）学会三相负载的星形连接和三角形连接方法。

（2）掌握对称负载星形连接中线电压与相电压、线电流与相电流之间的关系。

（3）了解中线的作用。

【实验原理】

电源用三相四线制向负载供电，三相负载可接成星形（又称“Y”形）或三角形（又称“△”形）。

1. 对称负载三相星形连接电路的特点

（1）负载线电流等于对应负载相电流，即

$$\dot{I}_L = \dot{I}_P$$

（2）负载线电压为负载相电压的$\sqrt{3}$倍，负载线电压超前对应负载相电压 30°，即

$$\dot{U}_L=\sqrt{3}\,\dot{U}_P\angle 30°$$

（3）中线电流 $\dot{I}_N$ 为零，即

$$\dot{I}_N = \dot{I}_A + \dot{I}_B + \dot{I}_C = 0$$

2. 对称负载三相三角形连接电路的特点

（1）负载线电流为对应负载相电流的$\sqrt{3}$倍，负载线电流滞后对应负载相电流 30° ，即

$$\dot{I}_L=\sqrt{3}\,\dot{I}_P\angle -30°$$

（2）负载线电压等于负载相电压，即

$$\dot{U}_L=\dot{U}_P$$

【实验仪器与设备】

（1）电路实验台（1 台）。

（2）数字万用表（1 块）。

【预习要求】

（1）预习三相电路的相关内容。

（2）学习数字万用表的使用方法。

【实验内容与步骤】

1. 三相负载星形连接

三相负载星形连接的实验电路如图 1-11-1 所示，实验电路板如图 1-11-2 所示。

（1）在电路板上按实验电路图 1-11-2 连接线路，将开关 K_1~K_6 闭合，连接成对称负载。

（2）将三相调压器的旋钮置于三相电压输出为 0 的位置（即逆时针旋到底的位置），然后旋转旋钮，调节调压器的输出，使输出的三相线电压为 380 V。

（3）在有中线的情况下，测量三相负载的各相线电流、相电流、中线电流和各相线电压、相电压，将数据填入表 1-11-1 中。

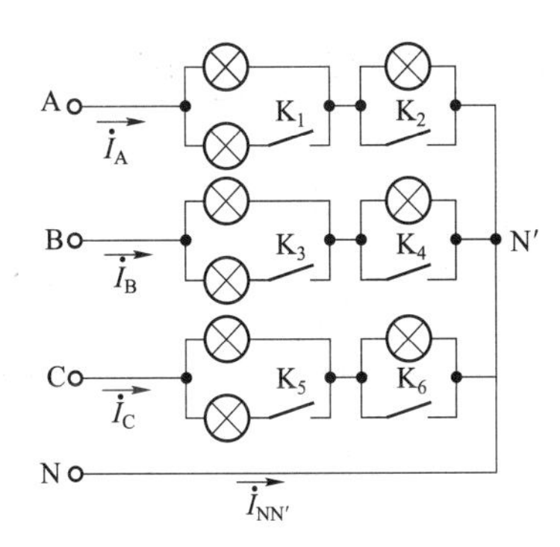

图 1-11-1　三相对称负载星形连接的实验电路

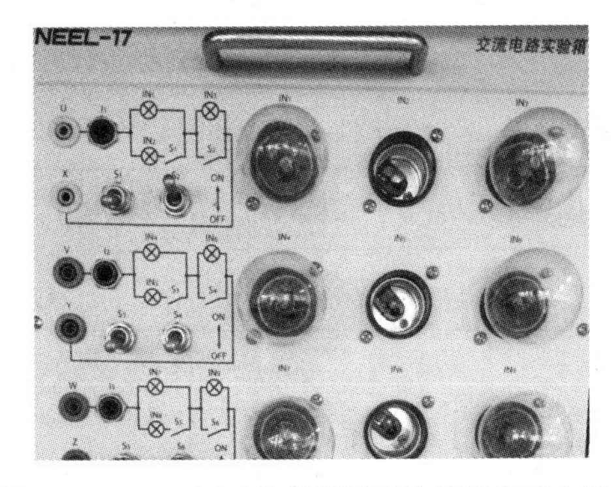

图 1-11-2　三相对称负载星形连接的实验电路板

（4）在有线和无线两种情况下，分别测量三相负载的各相线电压、相电压和各相线电流、相电流，以及中线电流，并将数据填入表 1-11-1 中。

表 1-11-1　三相对称负载星形连接电路的数据

中线	线电压 /V			相电压 /V			线电流 /mA			相电流 /mA			中线电流 /mA
	U_{AB}	U_{BC}	U_{CA}	U_{AN}	U_{BN}	U_{CN}	I_{AL}	I_{BL}	I_{CL}	I_{AP}	I_{BP}	I_{CP}	$I_{NN'}$
有													
无													

（5）在无中线的情况下，连接成非对称负载，将 K_1~K_3 闭合、K_4~K_5 断开，测量三相负载的各相线电压、相电压和各相线电流、相电流，将数据填入表 1-11-2 中，并观察各相灯的亮度情况。

表 1-11-2　无中线三相非对称负载星形连接电路的测量数据

线电压 /V			相电压 /V			线电流 /mA			相电流 /mA			灯的亮度情况
U_{AB}	U_{BC}	U_{CA}	U_{AN}	U_{BN}	U_{CN}	I_{AL}	I_{BL}	I_{CL}	I_{AP}	I_{BP}	I_{CP}	

2. 三相负载三角形连接

三相负载三角形连接的实验电路如图 1-11-3 所示。

（1）在电路板上按电路图 1-11-3 连接线路，将开关 K_1~K_6 闭合，连接成对称负载。

（2）将三相调压器的旋钮置于三相电压输出为 0 的位置（即逆时针旋到底的位置），然后旋转旋钮，调节调压器的输出，使输出的三相线电压为 220 V。

（3）测量三相负载的各相线电压、相电压和各相线电流、相电流，并将数据填入表 1-11-3 中。

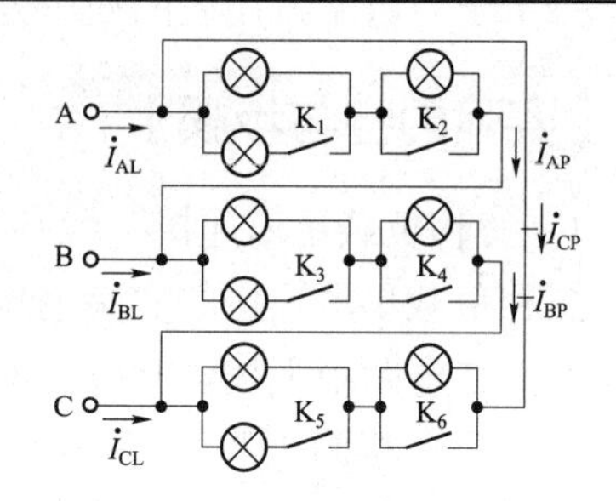

图 1-11-3　三相负载三角形连接的实验电路

表 1-11-3　三相对称负载三角形连接实验电路的测量数据

线电压 /V			相电压 /V			线电流 /mA			相电流 /mA		
U_{AB}	U_{BC}	U_{CA}	U_A	U_B	U_C	I_{AL}	I_{BL}	I_{CL}	I_{AP}	I_{BP}	I_{CP}

【实验报告】

整理实验数据，分析对称负载星形连接三相电路中，负载的线电压与相电压、线电流与相电流之间的关系。

【实验注意事项】

（1）本实验采用三相交流市电，线电压为 380 V。实验时要注意人身安全，不可触及导电部件，防止意外事故发生。

（2）每次接线完毕，同组同学应自查一遍，然后由指导教师检查后方可接通电源。必须严格遵守先断电、再接线、后通电；先断电、后拆线的实验操作原则。

（3）星形负载做短路实验时，必须先断开中线，以免发生短路事故。

（4）为避免烧坏灯泡，DG08 实验挂箱内设有过压保护装置。当任一相电压大于 245~250 V 时，即声光报警并跳闸。因此，在做 Y 接不平衡负载或缺相实验时，所加线电压应以最高相电压小于 240 V 为宜。

【问题讨论】

（1）对称负载星形连接电路中没有中线是否可以？

（2）非对称负载星形连接电路中没有中线是否可以？

（3）说明在三相四线制供电系统中中线的作用，中线上能安装保险丝吗？为什么？

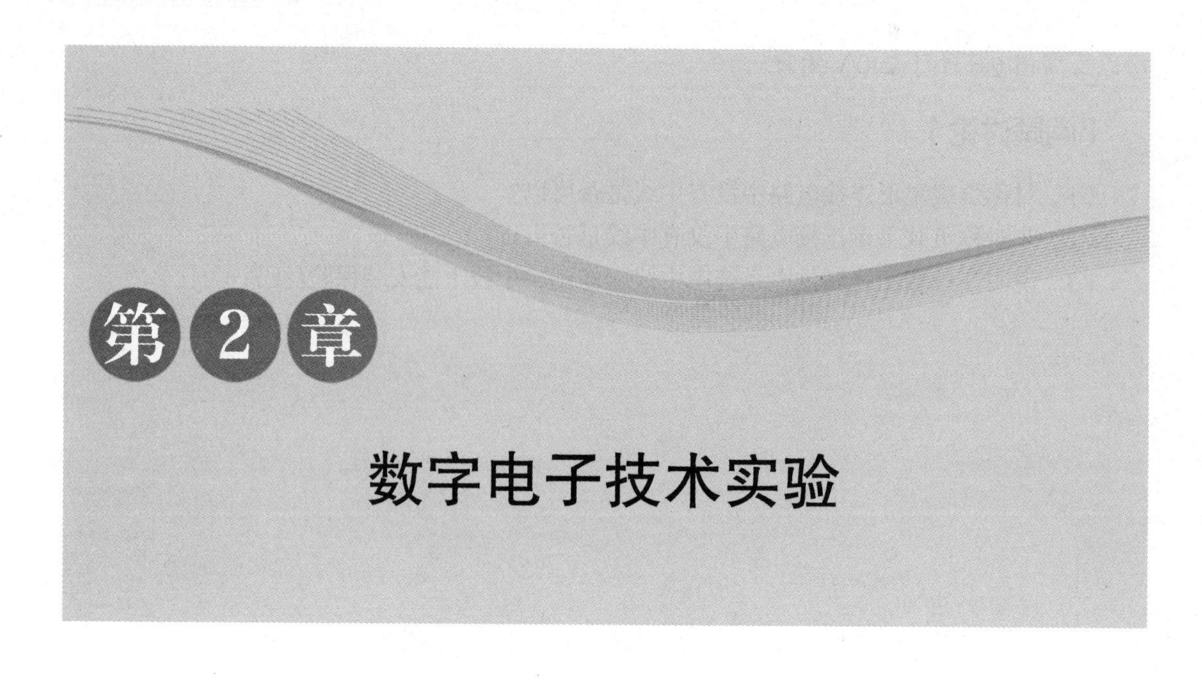

第2章 数字电子技术实验

2.1 常用逻辑门功能测试及应用

【实验目的】

（1）掌握常用门电路的逻辑功能及常用门电路的逻辑符号。

（2）学习集成电路的连接与使用方法。

（3）熟悉数字电路实验箱的结构及使用方法。

【实验原理】

常用门电路只需有与门、或门、非门、与非门、或非门、异或门、同或门等。它们的门电路逻辑符号、逻辑关系表达式、逻辑功能、集成门电路型号如表 2–1–1 所示。

表 2–1–1 常用门电路

名称	逻辑符号	逻辑关系表达式	逻辑功能	集成门电路型号
与门	A, B —[&]— Y	$Y=A\cdot B$	有0出0，全1出1	74LS08
或门	A, B —[≥1]— Y	$Y=A+B$	有1出1，全0出0	74LS32
非门	A —[1]o— Y	$Y=\overline{A}$	有0出1，有1出0	74LS04

续表

名称	逻辑符号	逻辑关系表达式	逻辑功能	集成门电路型号
与非门	A、B → & → o Y	$Y=\overline{A\cdot B}$	有 0 出 1，全 1 出 0	74LS00
或非门	A、B → ≥1 → o Y	$Y=\overline{A+B}$	有 1 出 0，全 0 出 1	74LS02
异或门	A、B → =1 → Y	$Y=A\oplus B$	不同出 1，相同出 0	74LS86
同或门	A、B → =1 → o Y	$Y=A\odot B$	不同出 0，相同出 1	74LS266

【实验仪器与设备】

（1）数字电路实验箱（1 台）。

（2）集成电路 74LS08、74LS00、74LS02、74LS86（各 1 片）。

【预习要求】

（1）预习各种门电路的逻辑符号、逻辑关系表达式、真值表。

（2）测试芯片功能前应熟悉芯片的管脚功能。

（3）熟悉本实验所用各种集成电路的型号及引脚号。

【实验内容与步骤】

实验前先检查实验箱电源是否正常，然后选择实验用的集成电路，最后按接线图接线。特别注意，电源线及地线不能接错。线接好后经指导教师检查无误方可通电。实验中改动接线必须先断开电源，接好线后再通电实验。

1. 与门逻辑功能的测试

集成与门电路元件的型号为 74LS08，为二输入端四与门，其引脚如图 2-1-1 所示。

测试与门逻辑功能的实验电路如图 2-1-2 所示，实验接线图如图 2-1-3 所示。

（1）按图 2-1-3 所示电路连接，输入端 A、B 接实验板的逻辑开关，输出端 Y 接状态显示发光二极管，14 脚接 +5 V 电源，7 脚接地。

（2）按表 2-1-1 中的数值对应输入端 A、B 的不同取值组合信号，观察输出结果。当发光二极管亮时，表示输出高电平“1”；当不亮时，表示输出低电平“0”。将实验数据填入表 2-1-2 中。

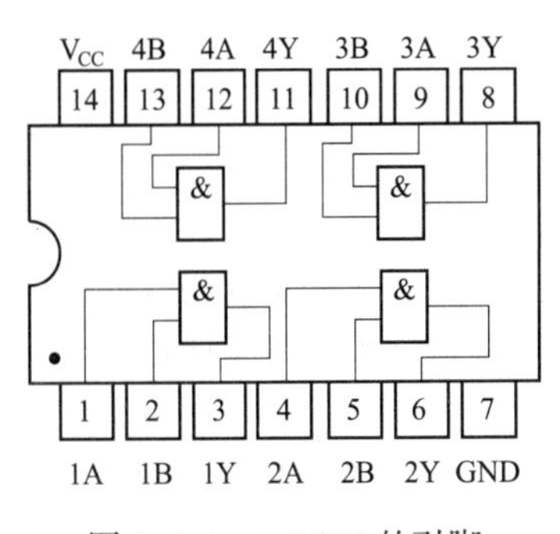

图 2-1-1　74LS08 的引脚

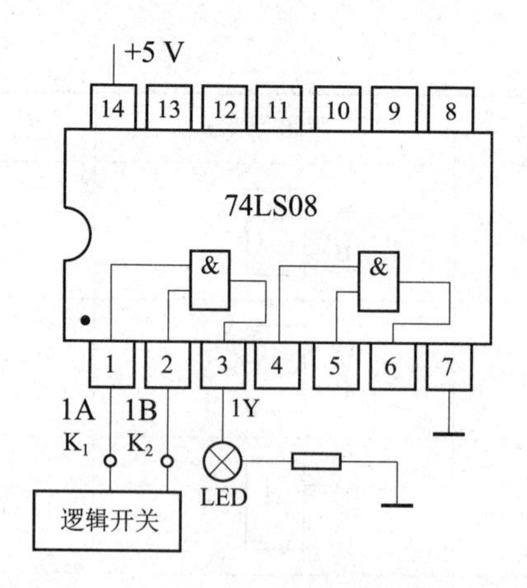

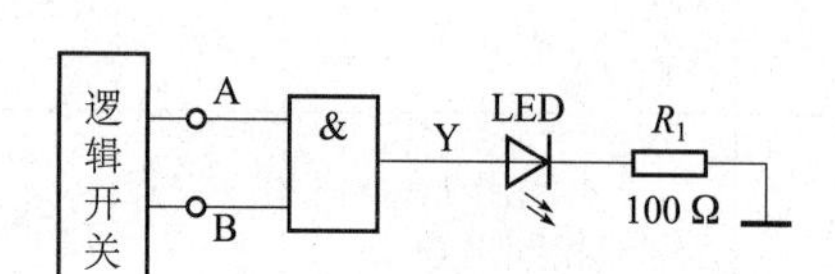

图 2-1-2　测试与门逻辑功能的实验电路

图 2-1-3　测试与门逻辑功能的实验接线图

表 2-1-2　与门逻辑功能测试的实验数据

输入端		输出端 Y	
A	B	发光二极管	逻辑状态
0	0		
0	1		
1	0		
1	1		

2. 与非门逻辑功能的测试

集成与非门元件的型号为 74LS00，为二输入端四与非门，其引脚如图 2-1-4 所示。测试与非门逻辑功能的实验电路如图 2-1-5 所示。

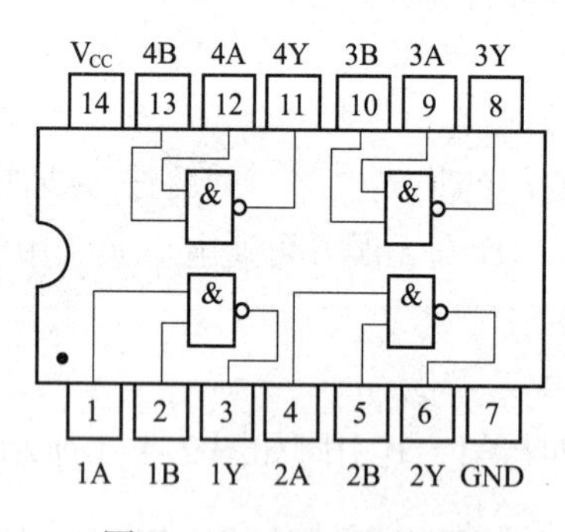

图 2-1-4　74LS00 的引脚

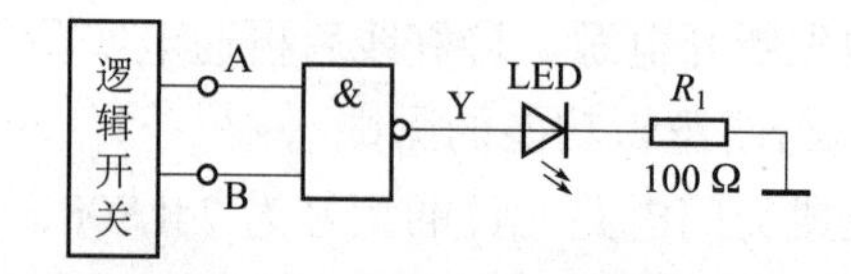

图 2-1-5　测试与非门逻辑功能的实验电路

（1）设计验证与非门逻辑功能的实验连接图。

（2）按设计的实验连接图连接电路。

（3）按表 2-1-3 中的数值对应输入端 A、B 的不同取值组合信号，观察输出结果，并将实验数据填入表 2-1-3 中。

3. 或非门逻辑功能的测试

集成或非门元件的型号为 74LS02，为二输入端四或非门，其引脚如图 2-1-6 所示。测试或非门逻辑功能的实验电路如图 2-1-7 所示。

表 2-1-3　与非门逻辑功能测试的实验数据

输入端		输出端 Y	
A	B	发光二极管	逻辑状态
0	0		
0	1		
1	0		
1	1		

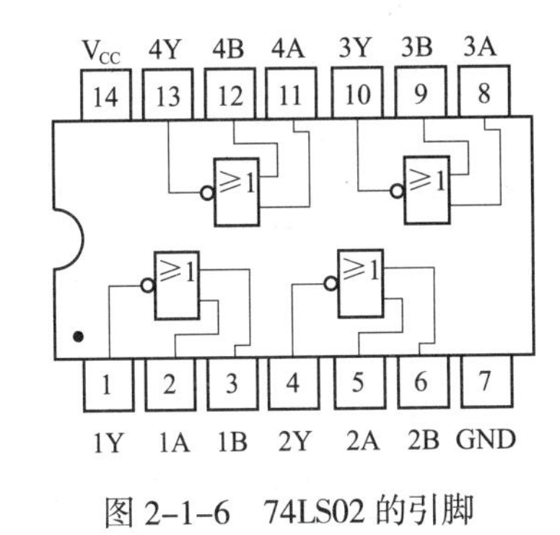

图 2-1-6　74LS02 的引脚

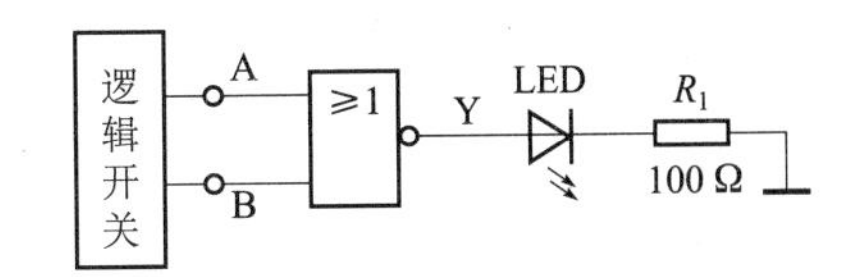

图 2-1-7　测试或非门逻辑功能的实验电路

（1）设计验证或非门逻辑功能的实验连接图。

（2）按设计的实验连接图连接电路。

（3）按功能表 2-1-4 中的数值对应输入 A、B 的不同取值组合信号，观察输出结果，并将实验数据填入表 2-1-4 中。

表 2-1-4　或非门逻辑功能测试的实验数据

输入端		输出端 Y	
A	B	发光二极管	逻辑状态
0	0		
0	1		
1	0		
1	1		

4. 异或门逻辑功能的测试

集成异或门元件的型号为 74LS86，为二输入端四异或门，其引脚如图 2-1-8 所示。测试异或门逻辑功能的实验电路如图 2-1-9 所示。

（1）设计测试异或门逻辑功能的实验连接图。

（2）按设计的实验连接图连接电路。

（3）按功能表 2-1-5 中的数值对应输入端 A、B 的不同取值组合信号，观察输出结果，将实验数据填入表 2-1-5 中。

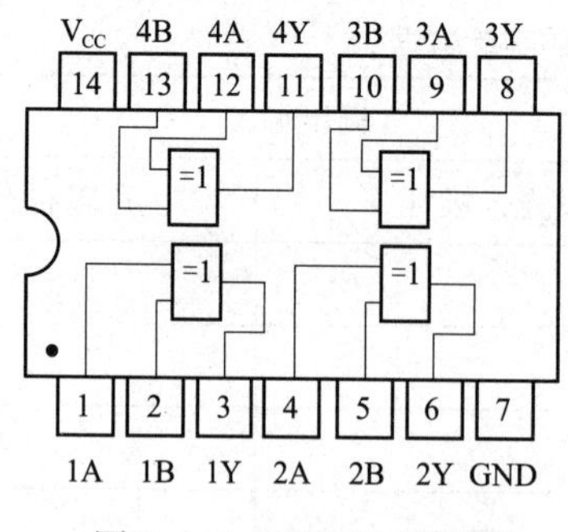

图 2–1–8 74LS86 的引脚

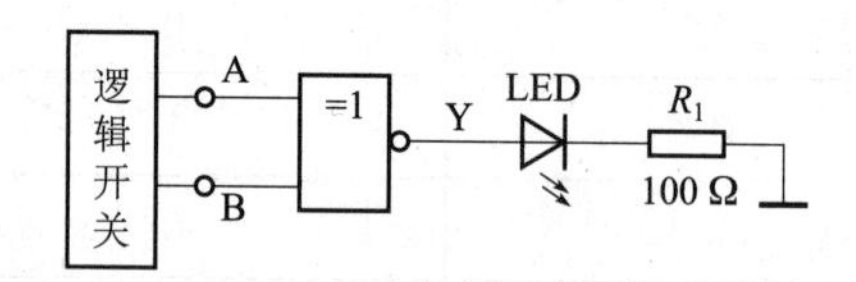

图 2–1–9 测试异或门逻辑功能的实验电路

表 2–1–5 异或门逻辑功能测试的实验数据

输入端		输出端 Y	
A	B	发光二极管	逻辑状态
0	0		
0	1		
1	0		
1	1		

5. 利用与非门控制输出脉冲（选做）

用一片 74LS00 元件按图 2–1–10 接线，S 接任意电平开关，用示波器观察 S 对输出脉冲的控制作用。

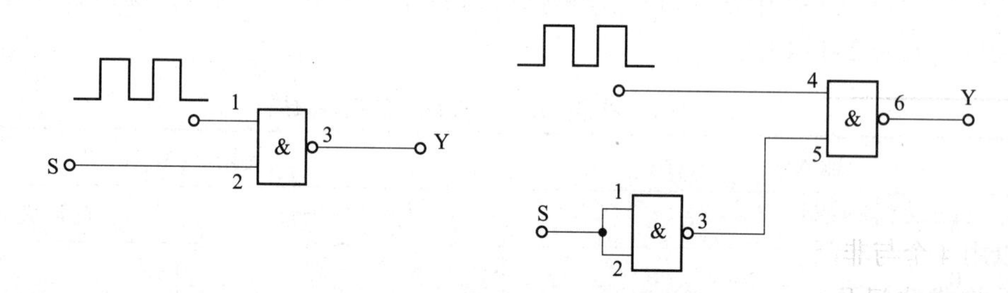

图 2–1–10 用与非门控制输出的原理

6. 用与非门组成其他逻辑门电路，并验证其逻辑功能

1）组成与门电路

由与门的逻辑表达式 $Y=A\cdot B=\overline{\overline{A\cdot B}}$得知，可以用两个与非门组成与门，其中一个与非门用作反相器。

（1）将与门及其逻辑功能验证的实验原理图画在表 2–1–6 中，按实验原理图接线，检查无误后接通电源。

（2）当输入端 A、B 为表 2–1–6 中的情况时，分别测出输出端 Y 的电压或用 LED 发光管监视其逻辑状态，并将结果记录表中。测试完毕后断开电源。

2）组成或门电路

根据 De. Morgan 定理，或门的逻辑函数表达式 $Y=A+B$ 可以写成 $Y=\overline{\overline{A}\cdot\overline{B}}$，因此，可以

用 3 个与非门组成或门。

表 2-1-6　用与非门组成与门电路的实验数据

实验原理图	输入		输出 Y	
	A	B	电压 /V	逻辑值
	0	0		
	0	1		
	1	0		
	1	1		

（1）将或门及其逻辑功能验证的实验原理图画在表 2-1-7 中，按实验原理图接线，检查无误后接通电源。

（2）当输入端 A、B 为表 2-1-7 中的情况时，分别测出输出端 Y 的电压或用 LED 发光管监视其逻辑状态，并将结果记录表中，测试完毕后断开电源。

表 2-1-7　用与非门组成或门电路的实验数据

实验原理图	输入		输出 Y	
	A	B	电压 /V	逻辑值
	0	0		
	0	1		
	1	0		
	1	1		

3）组成或非门电路

或非门的逻辑函数表达式 $Y=\overline{A+B}$，根据 De. Morgan 定理，可以写成 $Y=\overline{A}\cdot\overline{B}=\overline{\overline{\overline{A}\cdot\overline{B}}}$，因此，可以用 4 个与非门组成或非门。

（1）将或非门及其逻辑功能验证的实验原理图画在表 2-1-8 中，按实验原理图接线，检查无误后接通电源。

（2）当输入端 A、B 为表 2-1-8 中的情况时，分别测出输出端 Y 的电压或用 LED 发光管监视其逻辑状态，并将结果记录表中，测试完毕后断开电源。

表 2-1-8　用与非门组成或非门电路的实验数据

实验原理图	输入		输出 Y	
	A	B	电压 /V	逻辑值
	0	0		
	0	1		
	1	0		
	1	1		

4）组成异或门电路

异或门的逻辑表达式$Y=A\overline{B}+\overline{A}B=\overline{\overline{A\overline{B}}\cdot\overline{\overline{A}B}}$，由表达式得知，可以用5个与非门组成异或门。但根据没有输入反变量的逻辑函数的化简方法，有$\overline{A}\cdot B=(\overline{A}+\overline{B})\cdot B=\overline{A+B}$，同理有$\overline{AB}=A\cdot(\overline{A}+\overline{B})=A\cdot\overline{AB}$

因此，$Y=A\overline{B}+\overline{A}B=\overline{\overline{\overline{AB}B}\cdot\overline{\overline{AB}A}}$，可由4个与非门组成。

（1）将异或门及其逻辑功能验证的实验原理图画在表2–1–9中，按实验原理图接线，检查无误后接通电源。

（2）当输入端A、B为表2–1–9中的情况时，分别测出输出端Y的电压或用LED发光管监视其逻辑状态，并将结果填入表中，测试完毕后断开电源。

表2–1–9　用与非门组成异或门电路的实验数据

实验原理图	输入		输出Y	
	A	B	电压/V	逻辑值
	0	0		
	0	1		
	1	0		
	1	1		

【实验注意事项】

（1）在实验过程中，不能在电源接通情况下连接导线和拆装集成芯片及元器件。

（2）集成芯片是有方向的，接实验箱上时不能插反。

【问题讨论】

（1）如何用与非门组成与门、或门、或非门？

（2）如何用或非门组成与门、或门、与非门？

（3）与非门、或非门、异或门等在什么情况下输出高电平，什么情况下输出低电平？与非门不用的输入端应如何处理？或非门不用的输入端应如何处理？

【实验报告】

（1）画出测试与非门逻辑功能、或非门逻辑功能、异或门逻辑功能的实验电路接线图。

（2）整理实验数据，并分析实验数据，得出结论。

（3）列出逻辑门电路的真值表，写出逻辑关系表达式，并画出门电路的逻辑符号。

（4）记录在实验中遇到的故障问题及解决方法。

【数字电路实验基本知识】

1. 数字集成电路封装

中小规模数字IC（半导体元件）中最常用的是TTL电路和CMOS电路。TTL器件型号以 74（或 54）作前缀，称为 74/54 系列，如 74LS10、74F181、54S86 等。中小规模 CMOS 数字集成电路主要是 4XXX/45XX（X 代表 0~9 的数字）系列、高速 CMOS 电路 HC（74HC 系列）以及 TTL 兼容的高速 CMOS 电路 HCT（74HCT 系列）。TTL 电路与 CMOS 电路各有优缺点，TTL 速度高，而 CMOS 电路功耗小，电源范围大，抗干扰能力强。由于 TTL 在世界范围内应用极广，故在数字电路教学实验中，这里主要使用 TTL74 系列电路作为实验用器件，采用单一 +5 V 作为供电电源。

数字 IC 器件有多种封装形式。为了教学实验方便，实验中所用的 74 系列器件封装选用双列直插式。图 2-1-11 所示为双列直插式封装的正面示意。双列直插式封装有以下特点：

（1）从正面（上面）看，器件一端有一个半圆的缺口，这是正方向的标志。缺口左边的引脚号为 1，引脚号按逆时针方向增加。图 2-1-11 中的数字表示引脚号。双列直插式封装 IC 引脚数有 14、16、20、24、28 等若干种。

（2）2 双列直插器件有两列引脚。引脚之间的间距是 2.54 mm。两列引脚之间的距离有宽（15.24 mm）、窄（7.62 mm）两种。两列引脚之间的距离能够稍做改变，但引脚间距不能改变。将器件插入实验台上的插座中或者从插座中拔出时要小心，不要将器件引脚弄弯或折断。

数字电路综合实验中，使用的复杂可编程逻辑器件 MACH4-64/32（或者 ISP1016）是 44 引脚的 PLCC（Plastic Leaded Chip Carrier）封装，如图 2-1-12 所示是其封装的正面示意。器件上的小黑点指示引脚 1，引脚号按逆时针方向增加，即引脚 2 在引脚 1 的左边，引脚 44 在引脚 1 的右边。MACH4-64/32 电源引脚号、地引脚号与 ISP1016 不同，千万不要插错 PLCC 插座。插 PLCC 器件时，器件的左上角（缺角）要对准插座的左上角。拔 PLCC 器件时应使用专门的起拔器。

若集成芯片引脚上的功能标号为 NC，则表示该引脚为空脚，与内部电路不连接。必须注意，不能带电插、拔器件。插、拔器件只能在关断 +5 V 电源的情况下进行。

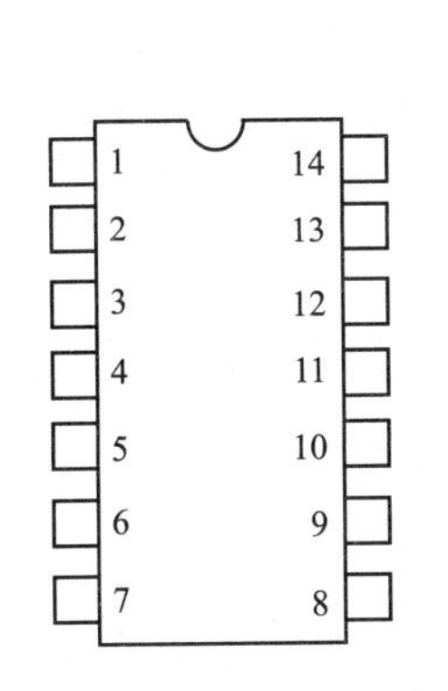

图 2-1-11 双列直插式封装的正面示意

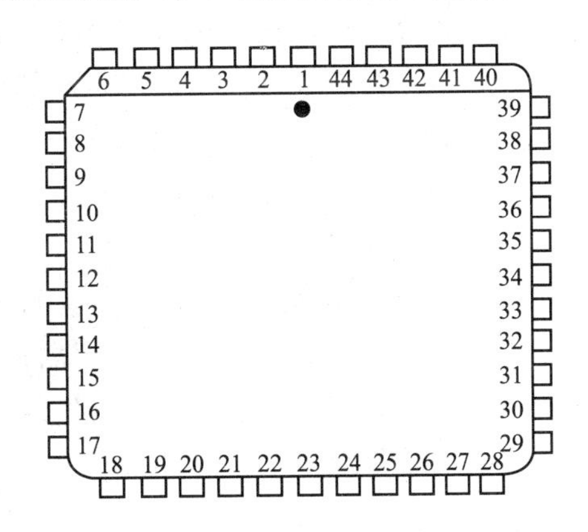

图 2-1-12 PLCC 封装的正面示意

2. TTL 集成电路的使用规则

（1）接插集成块时，要认清定位标记，不得插反。

（2）电源电压使用范围为 +4.5 V~+5.5 V，实验中要求使用 V_{CC} = +5 V。电源极性绝不允许接错。

（3）闲置输入端处理方法。

① 悬空，相当于正逻辑“1”，对于一般小规模集成电路的数据输入端，实验时允许悬空处理，但易受外界干扰，导致电路的逻辑功能不正常。因此，对于接有长线的输入端，中规模以上的集成电路和使用集成电路较多的复杂电路，所有控制输入端必须按逻辑要求接入电路，不允许悬空。

② 直接连接电源电压 V_{CC}（也可以串入一只 1~10 kΩ 的固定电阻）或接至某一固定电压（$+2.4 \leqslant V \leqslant 4.5$ V）的电源上，或与输入端为接地的多余与非门的输出端相接。

③ 若前级驱动能力允许，则可以与使用的输入端并联。

④ 输入端通过电阻接地，电阻值的大小将直接影响电路所处的状态。当 $R \leqslant 680\ \Omega$ 时，输入端相当于逻辑“0”；当 $R \geqslant 4.7\ \text{k}\Omega$ 时，输入端相当于逻辑“1”。对于不同系列的器件，要求的阻值不同。

⑤ 输出端不允许并联使用［集电极开路门（OC）和三态输出门电路（3S）除外］。否则，不仅会使电路逻辑功能混乱，还会导致器件损坏。

⑥ 输出端不允许直接接地或直接连接 5 V 电源，否则将损坏器件，有时为了使后级电路获得较高的输出电平，允许输出端通过电阻 R 接至 V_{CC}，一般取 $R = 3\text{~}5.1\ \text{k}\Omega$。

3. 数字电路测试及故障查找、排除

设计好一个数字电路后，要对其进行测试，以验证设计是否正确。测试过程中，发现问题要分析原因，找出故障所在，并解决它。数字电路实验也遵循这些原则。

1）数字电路测试

数字电路测试大体上分为静态测试和动态测试两部分。静态测试是指给定数字电路若干组静态输入值，测试数字电路的输出值是否正确。数字电路设计好后，在实验台上连接成一个完整的线路，把线路的输入端接电平开关输出端，线路的输出端接电平指示灯，按功能表或状态表的要求改变输入状态，观察输入端和输出端之间的关系是否符合设计要求。静态测试是检查设计是否正确，接线是否正确的重要一步。

在静态测试基础上，按设计要求在输入端加动态脉冲信号，观察输出端的波形是否符合设计要求，这是动态测试。有些数字电路只需进行静态测试即可，有些数字电路则必须进行动态测试。一般来说，时序电路应进行动态测试。

2）数字电路的故障查找和排除

在数字电路实验中，出现问题是难免的。重要的是分析问题，找出出现问题的原因，从而解决它。一般来说，有 4 个方面的原因：器件故障、接线错误、设计错误和测试方法不正确。在查找故障过程中，首先要熟悉经常发生的典型故障。

（1）器件故障。器件故障是指器件失效或器件接插问题引起的故障，表现为器件工作不正常。不言而喻，器件失效肯定会引起器件工作不正常，这时则需要更换一个好器件。器件接插问题，如管脚折断或者器件的某个（或某些）引脚没插到插座中等，也会使器件工作不正常。对于器件接插错误有时不易发现，需仔细检查。判断器件失效的方法是用集成电路测试仪测试器件。

需要指出的是，一般的集成电路测试仪只能检测器件的某些静态特性。对负载能力等静态特性和上升沿、下降沿、延迟时间等动态特性，一般的集成电路测试仪不能测试。测试器件的这些参数，须使用专门的集成电路测试仪。

（2）接线错误。接线错误是最常见的错误。据统计，在教学实验中，70% 以上的故障是由接线错误引起的。常见的接线错误包括忘记接器件的电源和地；连线与插孔接触不良；连线经多次使用后，有可能外面塑料包皮完好，但内部线断；连线多接、漏接、错接；连线过长、过乱造成干扰。接线错误造成的现象多种多样，如器件的某个功能块不工作或工作不正常、器件不工作或发热、电路中一部分工作状态不稳定等。解决方法大致包括：熟悉所用器件的功能及其引脚号，掌握器件每个引脚的功能；器件的电源和地一定要接对、接好；检查连线和插孔接触是否良好；检查连线有无错接、多接、漏接；检查连线中有无断线。最重要的是接线前要画出接线图，按图接线，不要凭记忆随想随接；接线要规范、整齐，尽量走直线、短线，以免引起干扰。

（3）设计错误。设计错误自然会造成与预想的结果不一致。原因是对实验要求没有吃透，或者是对所用器件的原理没有掌握，因此实验前一定要理解实验要求，掌握实验线路原理，精心设计。初始设计完成后一般应对设计进行优化。最后画好逻辑图及接线图。

（4）测试方法不正确。如果不发生前面所述 3 种错误，实验一般都会成功。但有时测试方法不正确也会引起观测错误。例和，一个稳定的波形，如果用示波器观测，示波器没有同步，则造成波形不稳的假象。因此要学会正确使用所用仪器、仪表。在数字电路实验中，尤其要学会正确使用示波器。在对数字电路的测试过程中，由于测试仪器、仪表加到被测电路上后，对被测电路相当于一个负载，因此测试过程中也有可能引起电路本身工作状态的改变，这点应引起足够注意。不过，在数字电路实验中，这种现象很少发生。

2.2　组合逻辑电路设计

【实验目的】

（1）掌握组合逻辑电路的设计方法。

（2）掌握实现组合逻辑电路的连接方法和调试方法。

（3）通过逻辑功能的验证提升学生解决实际问题的能力。

【实验原理】

组合逻辑电路是数字系统中逻辑电路形式的一种，它的特点是电路在任何时刻的输出状态只取决于该时刻输入信号（变量）的组合，而与电路的历史状态无关。组合逻辑电路的设计是在给定问题（逻辑命题）的情况下，通过逻辑设计过程，选择合适的标准器件，搭接成实验给定问题（逻辑命题）功能的逻辑电路。

通常，设计组合逻辑电路按下述步骤进行。其设计流程如图 2-2-1 所示。

（1）确定变量和函数，赋值并列真值表。

（2）由真值表写出逻辑函数的表达式。

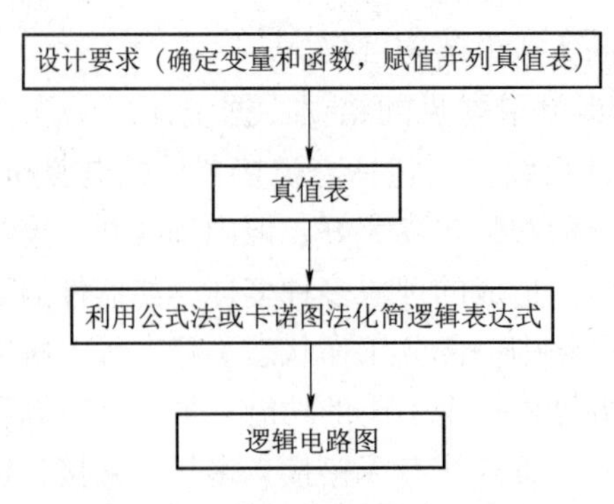

图 2-2-1　组合逻辑电路的设计流程

（3）对逻辑函数进行化简。若由真值表写出的逻辑函数表达式不是最简式，则应利用公式法或卡诺图法进行逻辑函数的化简，得出最简式。如果对所用器件有要求，则还需将最简式转换成相应的形式。

（4）按最简化的逻辑表达式画出逻辑电路图。

（5）设计电路。

【实验仪器与设备】

（1）数字电路实验箱（1 台）。

（2）集成电路 74LS00、74LS02、74LS08、74LS86（各 1 片）。

【预习要求】

（1）测试实验前应熟悉组合逻辑电路设计的步骤。

（2）复习组合逻辑电路的设计方法，熟悉本实验所用各种集成电路的型号及引脚号。

（3）根据实验内容所给定的设计命题要求，按设计步骤写出真值表、输出函数表达式、卡诺图化简过程，并按指定逻辑写出表达式。

【实验内容与步骤】

1. 设计一个半加器，验证其逻辑功能

两个一位二进制数相加，称为半加；实现半加运算的电路称为半加器。

设 A_i、B_i 为两个一位二进制数，S_i 为本位和，C_i 为向高位的进位，则半加器的表达式为

$$\begin{cases} S_i=A_i\overline{B}_i+\overline{A}_iB_i=A_i\oplus B_i \\ C_i=A_iB_i \end{cases}$$

测试半加器逻辑功能的实验电路如图 2-2-2 所示。

（1）设计测试半加器逻辑功能的实验连接图。

（2）按设计的实验连接图连接电路。

（3）按功能表 2-2-1 中的数值对应输入 A_i、B_i 的不同取值组合信号，观察输出结果，将实验数据记入表 2-2-1。

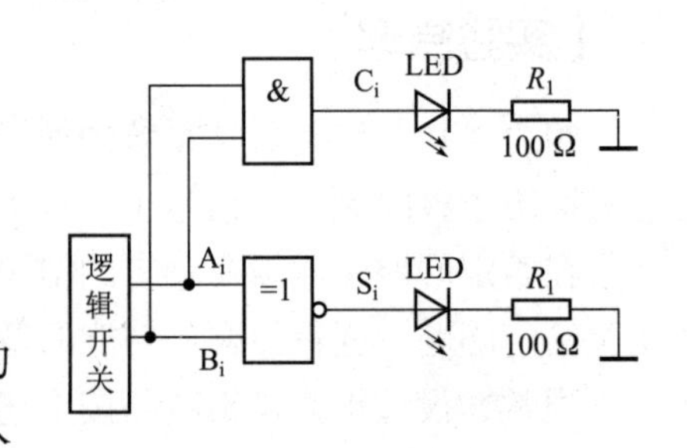

图 2-2-2　测试半加器逻辑功能的实验电路

表 2-2-1　半加器逻辑功能测试的实验数据

输入端		输出端	
A_i	B_i	S_i 逻辑状态	C_i 逻辑状态
0	0		
0	1		
1	0		
1	1		

2. 设计一个全加器，验证其逻辑功能

两个一位二进制数相加时，考虑来自低位的进位的运算，称为全加；能够完成包括低位进位的 3 个一位二进制数加法运算的电路称为全加器。设 A_i、B_i 为两个二进制数，C_{i-1} 为来自低位的进位，S_i 为本位和，C_i 为向高位的进位，则全加器的表达式为

$$\begin{cases} S_i=\overline{A}_i\overline{B}_iC_{i-1}+\overline{A}_iB_i\overline{C}_{i-1}+A_i\overline{B}_i\overline{C}_{i-1}+A_iB_iC_{i-1}=A_i\oplus B_i\oplus C_{i-1} \\ C_i=\overline{A}_iB_iC_{i-1}+A_i\overline{B}_iC_{i-1}+A_iB_iC_{i-1}+A_iB_i\overline{C}_{i-1}=A_iB_i+A_iC_{i-1}+B_iC_{i-1} \end{cases}$$

测试全加器逻辑功能的实验电路如图 2-2-3 所示。

（1）设计测试全加器逻辑功能的实验连接图。

（2）按设计的实验连接图连接电路。

（3）按功能表 2-2-2 中的数值对应输入 A_i、B_i 的不同取值组合信号，观察输出结果，将实验数据填入表 2-2-2 中。

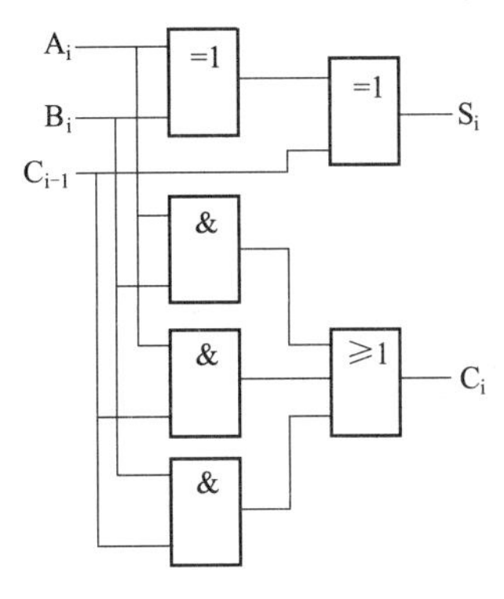

图 2-2-3　测试全加器逻辑功能的实验电路

表 2-2-2　全加器逻辑功能测试的实验数据

输入端			输出端	
A_i	B_i	C_{i-1}	S_i 逻辑状态	C_i 逻辑状态

3. 设计一个 4 变量表决电路，验证其逻辑功能

用与非门设计一个 4 变量表决电路。当 4 个输入端中有 3 个或 4 个为“1”时，输出端才为“1”。

具体设计步骤如下：

根据题意列出真值表，如表 2-2-3 所示；卡诺图如图 2-2-4 所示。

由卡诺图得出逻辑表达式，并演化成与非的形式，即

$$Y=ABC+BCD+ACD+ABD=\overline{\overline{ABC}\cdot\overline{BCD}\cdot\overline{ACD}\cdot\overline{ABD}}$$

根据逻辑表达式画出用与非门构成的逻辑电路，如图 2-2-5 所示。

表 2-2-3 真值表

A	B	C	D	Y	A	B	C	D	Y
0	0	0	0	0	1	0	0	0	0
0	0	0	1	0	1	0	0	1	0
0	0	1	0	0	1	0	1	0	0
0	0	1	1	0	1	0	1	1	1
0	1	0	0	0	1	1	0	0	0
0	1	0	1	0	1	1	0	1	1
0	1	1	0	0	1	1	1	0	1
0	1	1	1	1	1	1	1	1	1

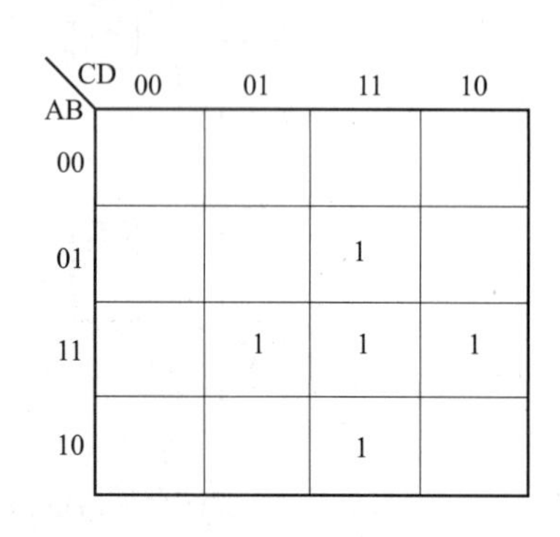

图 2-2-4 卡诺图

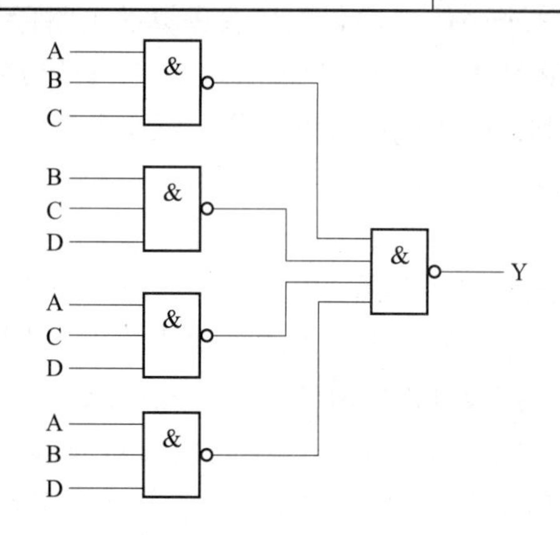

图 2-2-5 用与非门构成的逻辑电路

根据上述逻辑函数的设计过程，其设计步骤如下：

（1）设计测试 4 变量表决电路逻辑功能的实验连接图。

（2）按设计的实验连接图连接电路。

（3）按功能表 2-2-4 中的数值对应输入 A、B、C、D 的不同取值组合信号，观察输出结果，将实验数据填入表 2-2-4 中。

表 2-2-4 一个 4 变量表决电路测试的实验数据

A	B	C	D	Y 逻辑状态	A	B	C	D	Y 逻辑状态
0	0	0	0		1	0	0	0	
0	0	0	1		1	0	0	1	
0	0	1	0		1	0	1	0	
0	0	1	1		1	0	1	1	
0	1	0	0		1	1	0	0	
0	1	0	1		1	1	0	1	
0	1	1	0		1	1	1	0	
0	1	1	1		1	1	1	1	

【实验注意事项】

（1）在实验过程中，不能在电源接通的情况下连接导线和拆装集成芯片及元器件。
（2）集成芯片是有方向的，接实验箱上时不能插反。

【问题讨论】

（1）如何设计一个全加器来验证逻辑功能？
（2）总结组合逻辑电路设计的步骤。

【实验报告】

（1）画出测试半加器、全加器、4 变量表决电路的实验电路接线图。
（2）整理实验数据，拟定记录测量结果的表格，并分析实验数据，得出结论。
（3）记录在实验中遇到的故障问题及解决方法。

2.3　译码器的应用及设计

【实验目的】

（1）掌握译码器的逻辑功能。
（2）了解如何用集成译码器组成不同的扩展电路。
（3）掌握用译码器设计组合逻辑电路的方法。
（4）掌握译码器的典型应用电路。

【实验任务】

1. 验证译码器的逻辑功能

译码器是一个多输入、多输出的组合逻辑电路。它的作用是把给定的代码进行“翻译”，变成相应的状态，使输出通道中相应的一路有信号输出。译码器在数字系统中有广泛的用途，不仅用于代码的转换、终端的数字显示，还用于数据分配、存储器寻址和组合控制信号等。不同的功能可选用不同种类的译码器。

74LS138 为 3–8 线译码器，它有 3 个输入端，即 A_2、A_1、A_0；8 个输出端，即 Y_7、Y_6、…、Y_0。当输入一个 3 位二进制代码，8 个输出端中只有对应的一个输出端为“0”，表示输出翻译的信息。如输入 $A_2A_1A_0$=001，输出只有 Y_1=0。它有 3 个使能端，即 S_1、S_2、S_3，控制译码器的工作状态，只有在 S_1 为高电平，S_2、S_3 为低电平时，译码器才工作。如果译码器的所有输出端都为高电平“1”，则说明译码器没有工作，可检查 3 个使能端是否连接正确。74LS138 的引脚如图 2–3–1 所示。

74LS138 逻辑功能测试电路的连接如图 2–3–2 所示。

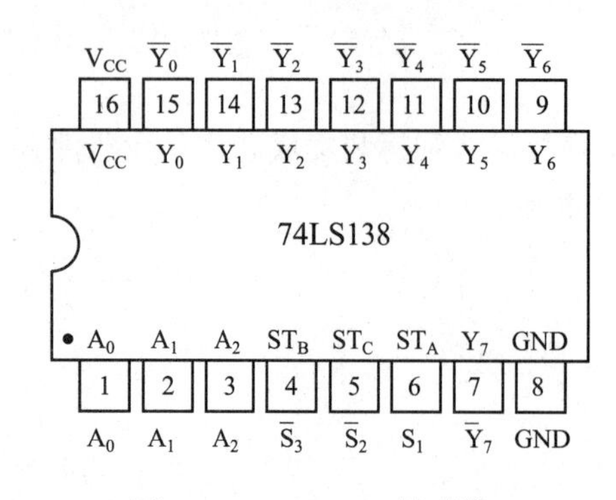

图 2-3-1 74LS138 的引脚

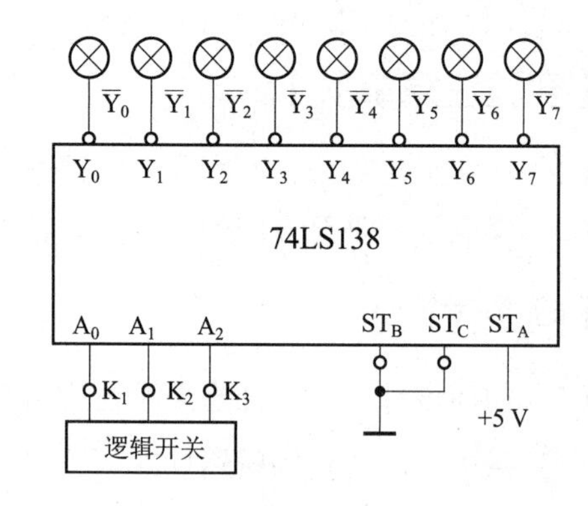

图 2-3-2 74LS138 逻辑功能测试电路的连接

2. 设计用 74LS138 构成单“1”检测器

单“1”检测器即输入只有一个“1”时，输出为“1”。

把一个组合逻辑表达式变换成标准与或式后，可知它就是若干个输入变量最小项的和。任意组合逻辑函数都是若干个输入变量最小项的和。

二进制译码器的特点是每一个输出是输入变量的一个最小项，如 3–8 线译码器 74LS138 的输出为

$$\overline{Y}_7=\overline{A_2A_1A_0}=\overline{m}_7;\ \overline{Y}_6=\overline{A_2A_1\overline{A}_0}=\overline{m}_6;\ \overline{Y}_5=\overline{A_2\overline{A}_1A_0}=\overline{m}_5;\ \overline{Y}_4=\overline{A_2\overline{A}_1\overline{A}_0}=\overline{m}_4;$$
$$\overline{Y}_3=\overline{\overline{A}_2A_1A_0}=\overline{m}_3;\ \overline{Y}_2=\overline{\overline{A}_2A_1\overline{A}_0}=\overline{m}_2;\ \overline{Y}_1=\overline{\overline{A}_2\overline{A}_1A_0}=\overline{m}_1;\ \overline{Y}_0=\overline{\overline{A}_2\overline{A}_1\overline{A}_0}=\overline{m}_0$$

并且二进制译码器的输出端提供了输入变量的全部最小项。因此只要将二进制译码器的若干个输出端用门电路组合，就组成了所需的组合逻辑函数。故可利用二进制译码器实现组合逻辑函数。设计用 74LS138 和 74LS20 构成单“1”检测器。

74LS20 为四输入与非门，图 2-3-3 所示为其引脚。

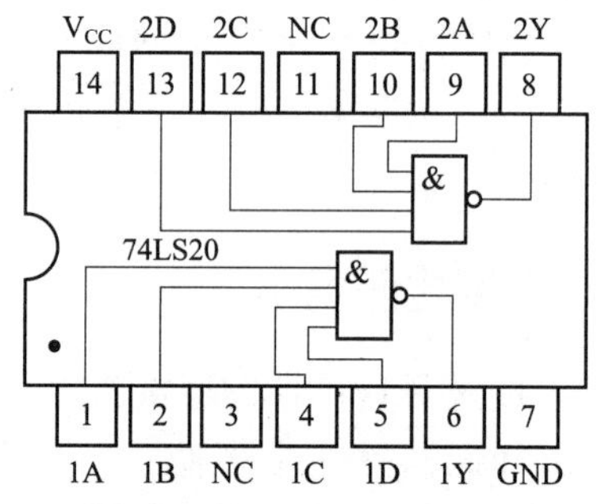

图 2-3-3 74LS20 的引脚

【实验仪器与设备】

（1）数字电路实验箱（1 台）。

（2）集成电路 74LS138、74LS20（各 1 片）。

【预习要求】

（1）复习各种译码器的工作原理。

（2）测试实验前应熟悉用译码器设计组合逻辑电路的步骤。

（3）熟悉本实验所用各种集成电路的型号及引脚号。

（4）预习译码器的相关内容。

【实验内容与步骤】

1. 译码器的逻辑功能测试

（1）按图 2-3-2 连接电路。译码器输入端接实验板的逻辑开关，输出端接发光二极管。

（2）按表 2-3-1 列出的输入代码值，给 A_2、A_1、A_0 输入不同的 3 位二进制代码，观察

输出结果，并将实验数据填入表 2–3–1 中。

表 2–3–1　译码器的逻辑功能测试实验数据

输入端			输出端							
A_2	A_1	A_0	$\overline{Y}_0$	$\overline{Y}_1$	$\overline{Y}_2$	$\overline{Y}_3$	$\overline{Y}_4$	$\overline{Y}_5$	$\overline{Y}_6$	$\overline{Y}_7$
0	0	0								
0	0	1								
0	1	0								
0	1	1								
1	0	0								
1	0	1								
1	1	0								
1	1	1								

2. 译码器的应用设计

1）设计内容

设计用 74LS138 构成单“1”检测器。

2）设计要求

（1）设计出逻辑电路图。

（2）设计实验步骤。

（3）选择元器件，连接电路。

（4）按表 2–3–2 中的数据，测试设计电路的逻辑功能。

表 2–3–2　单“1”检测器逻辑功能测试的实验数据

A_2	A_1	A_0	Y
0	0	0	
0	0	1	
0	1	0	
0	1	1	
1	0	0	
1	0	1	
1	1	0	
1	1	1	

【实验注意事项】

（1）在实验过程中，不能在电源接通的情况下连接导线和拆装集成芯片及元器件。

（2）集成芯片是有方向的，接实验箱上时不能插反。

【问题讨论】

（1）如何用 74LS138 构成 3 位判奇电路（即输入有奇数个“1”时，输出为 1”）？

（2）如何用 74LS138 构成 3 位判偶电路（即输入有偶数个“1”时，输出为“1”）？

（3）总结用译码器设计组合逻辑电路的步骤。

（4）74LS138 的 3 个使能端如何控制译码器的工作状态？

（5）如何用 74LS138 组成 4–16 线译码器？

【实验报告】

（1）画出测试验证译码器的逻辑功能、单“1”检测器的实验电路接线图。

（2）整理测试译码器逻辑功能的实验数据，填写好实验数据表。

（3）整理测试单“1”检测器实验数据，填写好实验数据表。

（4）分析实验数据，得出结论。

（5）记录在实验中遇到的故障问题及解决方法。

2.4　数据选择器的应用及设计

【实验目的】

（1）掌握中规模集成数据选择器的逻辑功能及使用方法。

（2）了解用集成数据选择器组成不同的扩展电路。

（3）学习用数据选择器设计组合逻辑电路的方法。

（4）掌握数据选择器的典型应用电路。

【实验任务】

1. 数据选择器

数据选择器是常用的组合逻辑部件之一。它由组合逻辑电路对数字信号进行控制来完成较复杂的逻辑功能。它有若干个数据输入端 D_0、D_1、…，若干个控制输入端 A_0、A_1、…和一个输出端 Y_0。在控制输入端加上适当的信号，即可从多个输入数据源中将所需的数据信号选择出来，送到输出端。

中规模集成芯片 74LS153 为双 4 选 1 数据选择器，其引脚如图 2–4–1 所示，其中 D_0、D_1、D_2、D_3 为 4 个数据输入端；Y 为输出端；A_0、A_1 为控制输入端（或称地址端），控制两个 4 选 1 数据选择器的工作，$\overline{G}$为工作状态选择端（或称使能端）。当$\overline{G}$ =1 时，数据选择器不工作，此时无论 A_0、A_1 处于什么状态，输出 Y 总为零；当$\overline{G}$ =0 时，数据选择器正常工作，被选择的数据送到输出端，如 A_1A_0=01，则选中数据 D_1 输出。

74LS153 的逻辑表达式为

$$Y=\overline{A}_1\overline{A}_0D_0+\overline{A}_1A_0D_1+A_1\overline{A}_0D_2+A_0A_1D_3$$

中规模集成芯片74LS151为8选1数据选择器，其引脚如图2-4-2所示。其中$D_0 \sim D_7$为数据输入端；$Y=(\overline{Y})$为输出端；A_2、A_1、A_0为地址端。74LS151的逻辑表达式为

$$Y=\overline{A}_2\overline{A}_1\overline{A}_0D_0+\overline{A}_2\overline{A}_1A_0D_1+\overline{A}_2A_1\overline{A}_0D_2+\overline{A}_2A_1A_0D_3+A_2\overline{A}_1\overline{A}_0D_4+A_2\overline{A}_1A_0D_5+A_2A_1\overline{A}_0D_6+A_2A_1A_0D_7$$

数据选择器是一种通用性很强的中规模集成电路，除了能传递数据外，还可用它设计成数码比较器，变并行码为串行码及组成函数发生器。

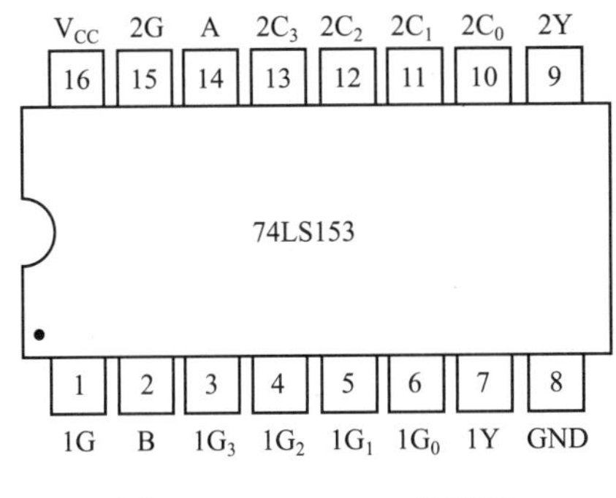

图2-4-1　74LS153的引脚

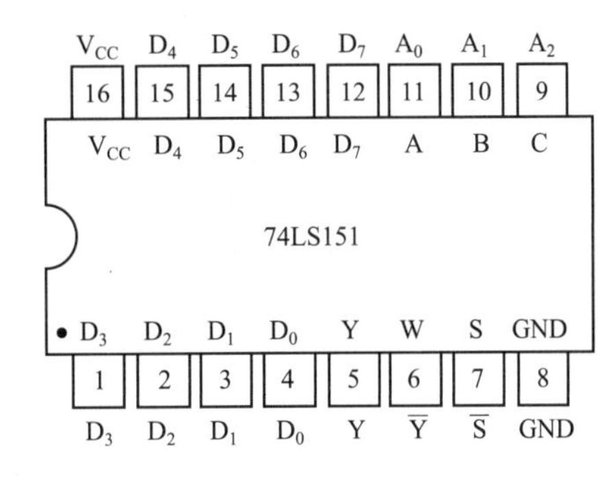

图2-4-2　74LS151的引脚

2. 用数据选择器实现组合逻辑函数的设计步骤

（1）依据要实现的组合逻辑函数的输入变量数确定选用数据选择器的类型。依据是

数据选择器的地址变量数 = 组合逻辑函数的输入变量数 -1

（2）将要实现的组合逻辑函数变换为最小项表达式。

（3）设定输入变量数与数据选择器地址端的连接。

（4）比较数据选择器的表达式与将要实现的组合逻辑函数的最小项表达式，确定数据选择器输入端的连接方式。

（5）画出连接图，即完成了设计。

其中非逻辑关系测试用非门电路，器件型号为74LS04，为六非门，其引脚如图2-4-3所示。

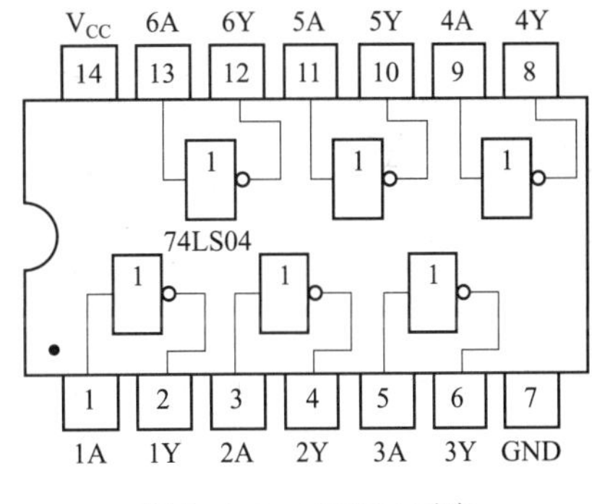

图2-4-3　74LS04引脚

【实验仪器与设备】

（1）数字电路实验箱（1台）。

（2）集成电路74LS153、74LS151、74LS04（各1片）。

【预习要求】

（1）复习各种译码器和数据选择器的工作原理。

（2）测试实验前应熟悉数据选择器设计组合逻辑电路的步骤。

（3）熟悉本实验所用各种集成电路的型号及引脚号。

（4）预习数据选择器的相关内容。

【实验内容与步骤】

1. 数据选择器逻辑功能的测试

数据选择器 74LS153 逻辑功能的测试连接电路如图 2-4-4 所示。

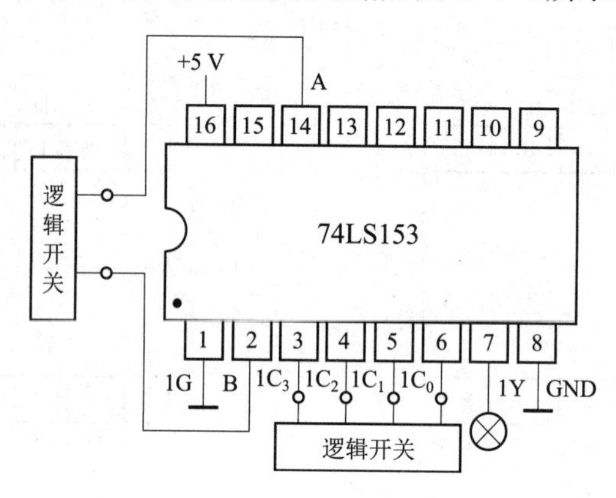

图 2-4-4　74LS153 逻辑功能的测试连接电路

（1）按图 2-4-4 连接电路。数据选择器输入端接实验板上的逻辑开关，输出端接发光二极管。

（2）按表 2-4-1 列出的输入代码值，给 B、A 输入不同的 2 位二进制地址代码，观察输出结果，将实验数据填入表 2-4-1 中。

表 2-4-1　数据选择器逻辑功能测试的实验数据

地址输入		数据输入				输出端
B	A	C_3	C_2	C_1	C_0	Y
0	0	1	0	1	0	
0	1					
1	0					
1	1					
0	0	1	0	1	1	
0	1					
1	0					
1	1					

2. 数据选择器的应用设计

1）设计内容

设计用数据选择器实现多地点路灯控制的电路。

一盏路灯，要求 4 个地点都能独立地进行控制，用 8 选 1 数据选择器和门电路实现这一逻辑功能。

提示：从 4 个地点都能独立地进行控制是指任何 1 处开关闭合，灯亮；任何 2 处开关闭合，灯灭；任何 3 处开关闭合，灯亮；4 处开关都闭合，灯灭。

2）设计要求

（1）设计逻辑电路图。

（2）设计实验步骤。

（3）选择元器件，连接电路。

（4）按表 2-4-2 中的数据，测试设计电路的逻辑功能。

表 2-4-2　路灯控制器逻辑功能测试的实验数据

A_3	A_2	A_1	A_0	Y	A_3	A_2	A_1	A_0	Y
0	0	0	0		1	0	0	0	
0	0	0	1		1	0	0	1	
0	0	1	0		1	0	1	0	
0	0	1	1		1	0	1	1	
0	1	0	0		1	1	0	0	
0	1	0	1		1	1	0	1	
0	1	1	0		1	1	1	0	
0	1	1	1		1	1	1	1	

【实验注意事项】

（1）在实验过程中，不能在电源接通的情况下连接导线和拆装集成芯片及元器件。

（2）集成芯片是有方向的，与实验箱连接时不能插反。

【问题讨论】

（1）如何用 74LS151 构成 4 位判奇电路（即输入有奇数个“1”时，输出为“1”）？

（2）如何用 74LS151 构成 4 位判偶电路（即输入有偶数个“1”时，输出为“1”）？

（3）总结用数据选择器设计组合逻辑电路的步骤。

（4）如何用 74LS153 组成 8 选 1 数据选择器？

【实验报告】

（1）画出测试验证数据选择器的逻辑功能、多地点路灯控制电路的实验电路接线图。

（2）整理测试数据选择器逻辑功能的实验数据，填写好实验数据表。

（3）整理测试多地点路灯控制电路实验数据，填写好实验数据表。

（4）分析实验数据，得出结论。

（5）记录在实验中遇到的故障问题及解决方法。

2.5 集成触发器的功能

【实验目的】

（1）掌握 D 触发器的逻辑功能及测试方法。

（2）掌握 J–K 触发器的逻辑功能及测试方法。

【实验原理】

触发器是具有记忆功能的二进制信息存储器件，是时序逻辑电路的基本单元之一。触发器按逻辑功能可分 RS 触发器、JK 触发器、D 触发器和 T 触发器；按电路触发方式可分为主从触发器和边沿触发器两大类。

1. 集成边沿 D 触发器

74LS74 是双边沿 D 触发器，上升沿触发，具有预置和清除功能。其引脚如图 2–5–1 所示。D 触发器的逻辑符号如图 2–5–2 所示。

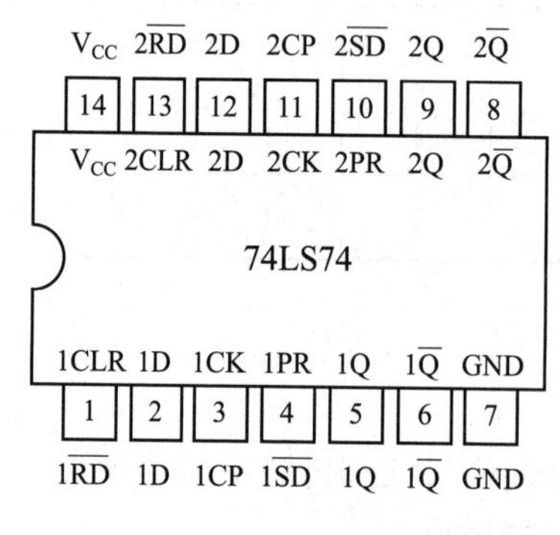

图 2–5–1 74LS74 的引脚

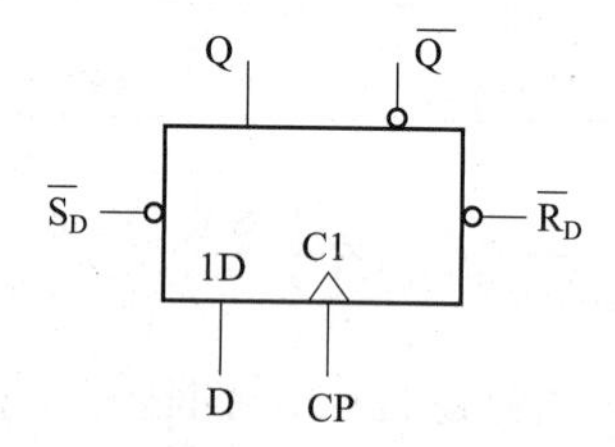

图 2–5–2 D 触发器的逻辑符号

D 触发器的输出方程为 Q^{n+1}=D，其特性如表 2–5–1 所示。

表 2–5–1 74LS74 的特性

输 入				输出	注
$\overline{R}_D$	$\overline{S}_D$	CP	D	Q^{n+1}	
0	1	×	×	0	异步置“0”
1	0	×	×	1	异步置“1”
1	1	↑	0	0	同步置“0”
1	1	↑	1	1	同步置“1”

2. 集成边沿 JK 触发器

集成边沿 JK 触发器是一种逻辑功能完善、通用性强的集成触发器。

74LS76 是双边沿 JK 触发器，下降沿触发，具有预置和清除功能。其引脚如图 2-5-3 所示。JK 触发器的逻辑符号如图 2-5-4 所示。

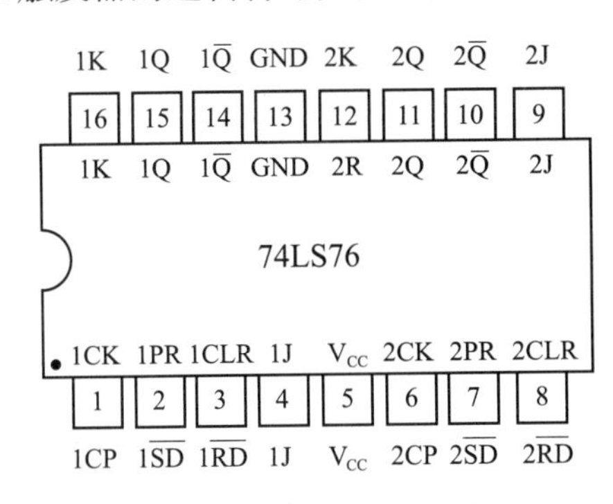

图 2-5-3　74LS76 的引脚

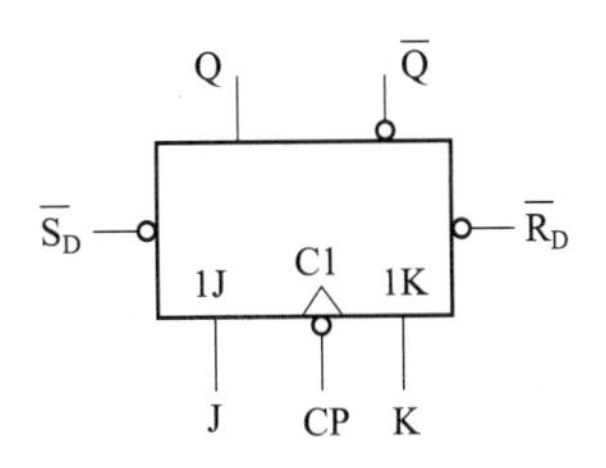

图 2-5-4　JK 触发器的逻辑符号

JK 触发器的输出方程为$Q^{n+1}=J\overline{Q}^n+\overline{K}Q^n$，其特性如表 2-5-2 所示。

表 2-5-2　74LS76 的特性

输　　入					输出	注
$\overline{R}_D$	$\overline{S}_D$	CP	J	K	Q^{n+1}	
0	1	×	×	×	0	异步置“0”
1	0	×	×	×	1	异步置“1”
1	1	↓	0	0	Q^n	同步保持
1	1	↓	0	1	0	同步置“0”
1	1	↓	1	0	1	同步置“1”
1	1	↓	1	1	$\overline{Q}^n$	同步翻转

3. 触发器之间的相互转换

在集成触发器的产品中，虽然每一种触发器都有固定的逻辑功能，但可以利用转换的方法得到其他功能的触发器。如果把 JK 触发器的 JK 端连在一起（称为 T 端）就构成 T 触发器，状态方程为

$$Q^{n+1}=T\overline{Q}^n+\overline{T}Q^n$$

在 CP 脉冲作用下，当 T=0 时，$Q^{n+1}=Q^n$；当 T=1 时，$Q^{n+1}=\overline{Q}^n$。工作在 T=1 时的 JK 触发器称为 T′ 触发器，即每来一个 CP 脉冲，触发器便翻转一次。同样，若把 D 触发器的$\overline{Q}$端和 D 端相连，便转换成 T′ 触发器。T 和 T′ 触发器广泛应用于计算电路中。值得注意的是，转换后的触发器其触发方式仍不变。

【实验仪器与设备】

（1）数字电路实验箱（1 台）。

（2）集成电路 74LS74、74LS76（各 1 片）。

【预习要求】

（1）预习教材有关触发器的内容，熟悉 74LS74、74LS76 的引脚功能。

（2）预习 JK 触发器、D 触发器的逻辑功能，并画出它们的状态表。

（3）预习 JK 触发器和 D 触发器的触发方式有何不同。

（4）说明什么是触发器的现态和次态、0 态和 1 态。

【实验内容与步骤】

1. D 触发器功能测试

1）D 触发器的置位、复位功能测试

（1）实验电路：将$\overline{R}_D$、$\overline{S}_D$分别接逻辑电平开关，Q 接状态显示灯，D 及 CP 处于任意状态，设计测试电路连接图。

（2）按设计的测试电路连接图连接电路。

（3）按表 2-5-3 中的测试条件进行测试，观察输出结果，将实验数据填入表 2-5-3 中。

表 2-5-3　D 触发器复位、置位功能测试的实验数据

CP	D	$\overline{R}_D$	$\overline{S}_D$	Q
×	×	0	1	
×	×	1	0	

2）D 触发器逻辑功能测试

（1）实验电路：将$\overline{R}_D$、$\overline{S}_D$接高电平，D 接逻辑电平开关，Q 接状态显示灯，CP 端接单脉冲，设计测试电路连接图。

（2）按设计的测试电路连接图连接电路。

（3）按表 2-5-4 中的测试条件进行测试，观察输出结果，将实验数据填入表 2-5-4 中。

表 2-5-4　D 触发器逻辑功能测试的实验数据

$\overline{R}_D$	$\overline{S}_D$	D	CP	Q^n	Q^{n+1}
1	1	0	↑	0	
1	1	0	↑	1	
1	1	1	↑	0	
1	1	1	↑	1	

2. JK 触发器功能测试

1）JK 触发器的置位、复位功能测试

（1）实验电路：将$\overline{R}_D$、$\overline{S}_D$分别接逻辑电平开关，Q 接状态显示灯，J、K 及 CP 处于任意状态，设计测试电路连接图。

（2）按设计的测试电路连接图连接电路。

（3）按表 2-5-5 中的测试条件进行测试，观察输出结果，将实验数据填入表 2-5-5 中。

表 2-5-5　JK 触发器复位、置位功能测试的实验数据

CP	J	K	$\overline{R}_D$	$\overline{S}_D$	Q
×	×	×	0	1	
×	×	×	1	0	

2）JK 触发器逻辑功能测试

（1）实验电路：将$\overline{R}_D$、$\overline{S}_D$接高电平，J、K 接逻辑电平开关，Q 接状态显示灯，CP 端接单脉冲，设计测试电路连接图。

（2）按设计的测试电路连接图连接电路。

（3）按表 2-5-6 中的测试条件进行测试，观察输出结果，将实验数据填入表 2-5-6 中。

表 2-5-6　JK 触发器逻辑功能测试的实验数据

输　入					输　出	
$\overline{R}_D$	$\overline{S}_D$	CP	J	K	Q^n	Q^{n+1}
1	1	↓	0	0	0	
1	1	↓	0	0	1	
1	1	↓	0	1	0	
1	1	↓	0	1	1	
1	1	↓	1	0	0	
1	1	↓	1	0	1	
1	1	↓	1	1	0	
1	1	↓	1	1	1	

【实验注意事项】

（1）在实验过程中，不能在电源接通的情况下连接导线和拆装集成芯片及元器件。

（2）集成芯片是有方向的，与实验箱连接时不能插反。

（3）74LS76 的电源和地的引脚位置与一般的 74 系列芯片位置不同，接线后应仔细核查引脚的接线是否正确。

【问题讨论】

（1）如何将 JK 触发器变换为 D 触发器？

（2）如何将 JK 触发器变换为 T 触发器？

【实验报告】

（1）画出测试电路的接线图。

（2）整理实验数据，填写好实验数据表。

（3）分析实验数据，得出电路的逻辑功能，写出特性方程和状态图。

（4）记录在实验中遇到的故障问题及解决方法。

2.6 集成计数器的逻辑功能测试

【实验目的】

（1）掌握集成计数器的逻辑功能及测试方法。

（2）学习集成电路的连接与使用方法。

【实验原理】

74LS161 是 4 位二进制同步计数器，具有异步清零和同步置数功能，74LS161 有两个计数器工作状态控制端 CT_P、CT_T。当 CT_P=1，且 CT_T=1 时，允许计数器进行正常计数。而当 CT_P、CT_T 中有一个为 0 时，计数器禁止计数，保持原有计数状态。

（1）异步清零作用：当$\overline{CR}$=0 时，计数器立即清零。

（2）同步置数作用：当$\overline{CR}$ =1、$\overline{LD}$ =0，且 CP 上升沿到来时，并行输入数据 d_0~d_3 进入计数器，使 $Q_3^{n+1}Q_2^{n+1}Q_1^{n+1}Q_0^{n+1}=d_3d_2d_1d_0$。

74LS161 的状态表如表 2-6-1 所示，其引脚如图 2-6-1 所示。

表 2-6-1　74LS161 状态表

输入									输出
CP	$\overline{CR}$	$\overline{LD}$	CT_P	CT_T	D_0	D_1	D_2	D_3	$Q_3^{n+1}Q_2^{n+1}Q_1^{n+1}Q_0^{n+1}$
×	0	×	×	×	×	×	×	×	全“0”清零
↑	1	0	×	×	d_0	d_1	d_2	d_3	预置数据
↑	1	1	1	1	×	×	×	×	计数
×	1	1	0	×	×	×	×	×	保持
×	1	1	×	0	×	×	×	×	保持

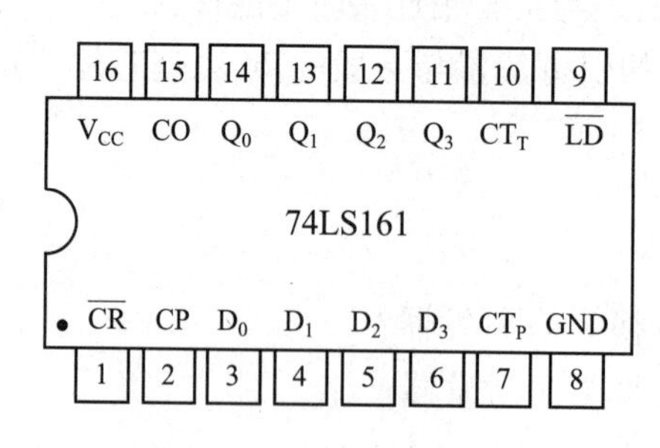

图 2-6-1　74LS161 的引脚

【实验仪器与设备】

（1）数字电路实验箱（1 台）。

（2）集成电路 74LS161（1 片）。

【预习要求】

（1）预习计数器的工作原理等内容。

（2）测试实验前熟悉本实验所用的各种集成电路的型号及引脚号。

（3）预习集成计数器 74LS161 的逻辑功能，并画出它的状态表。

（4）分析本实验中各电路图的工作原理。

【实验内容与步骤】

（1）实验电路。集成计数器 74LS161 为 4 位二进制计数器，其逻辑功能测试连接电路如图 2-6-2 所示。

（2）按图 2-6-2 连接电路。CP 脉冲输入端接实验板上的单脉冲端，输出端接发光二极管，$\overline{CR}$、$\overline{LD}$、CT_P、CT_T 接 V_{CC}。

（3）依次输入单脉冲，观察输出结果，将实验数据填入表 2-6-2 中。

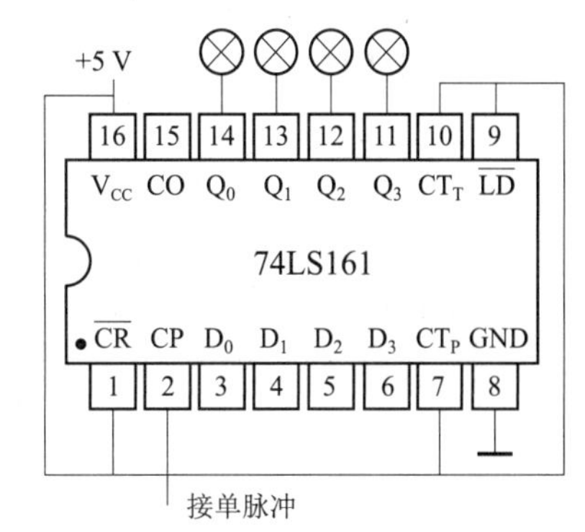

图 2-6-2　74LS161 逻辑功能测试连接电路

表 2-6-2　74LS161 逻辑功能测试的实验数据

CP	Q_3^n	Q_2^n	Q_1^n	Q_0^n	Q_3^{n+1}	Q_2^{n+1}	Q_1^{n+1}	Q_0^{n+1}
1								
2								
3								
4								
5								
6								
7								
8								
9								
10								
11								
12								
13								
14								
15								
16								

【实验注意事项】

（1）在实验过程中，不能在电源接通的情况下连接导线和拆装集成芯片及元器件。

（2）集成芯片是有方向的，与实验箱连接时不能插反。

【问题讨论】

（1）74LS161 的异步清零和同步置数功能是如何工作的？

（2）74LS161 的两个计数器工作状态控制端是如何控制 74LS161 工作的？

【实验报告】

（1）画出测试电路的接线图。

（2）整理实验数据，填写好实验数据表。

（3）分析实验数据，得出电路的逻辑功能，并画出状态转换图。

（4）记录在实验中遇到的故障问题及解决方法。

2.7 集成计数器的应用及设计

【实验目的】

（1）掌握中规模集成计数器的引脚功能及使用方法。

（2）掌握中规模集成电路构成任意进制计数器的方法。

【实验任务】

利用一片中规模集成计数器构成 N 进制计数器（$N \leqslant 16$）的方法有归零法和置数法两种。

1. 归零法

归零法又叫复位法，就是利用计数器的清零端（利用清零端——清零功能）将计数器复位的一种方法。由于 74LS161 是异步清零复位的，因此复位的数值应等于进制数。其逻辑电路如图 2-7-1 所示。

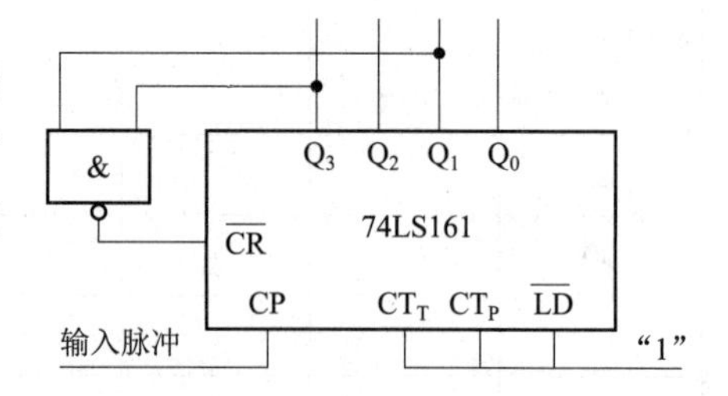

图 2-7-1　复位法的逻辑电路

2. 置数法

置数法就是利用计数器的置数端（利用置数端——置数功能）将计数器数据端的数据送到输出端的一种方法。由于 74LS161 是同步置数的，因此置数控制端的控制信号应等于进制数减 1。其逻辑电路如图 2-7-2 所示，其中与非门用 74LS20 实现。

用一片 74LS161 可以获得 15 以内的各种进制计数电路。如果把 74LS161 电路多级连接后，则可以获得任意数进制计数电路。如果将两片 74LS161 级连，则可以设计 255 以内的任意数进制计数电路。

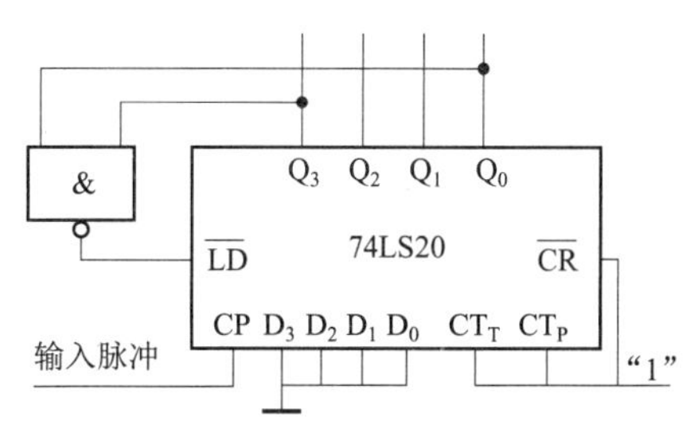

图 2-7-2　置数法的逻辑电路

【实验仪器与设备】

（1）数字电路实验箱（1 台）。

（2）集成电路 74LS161、74LS20（各 1 片）。

【预习要求】

（1）测试实验前应熟悉利用中规模集成电路构成任意进制计数器的方法和步骤。

（2）熟悉本实验所用各种集成电路的型号及引脚号。

（3）预习计数器设计的相关内容，用 74LS161 设计 N（N<16）进制计数器的电路图，并画出实验用状态表。独立用两种方法设计出十二进制计数器。

（4）预习用 74LS160 及 74LS20 实现六十进制计数器的设计。

【实验内容与步骤】

1. 设计逻辑电路图

（1）用同步二进制计数器 74LS161 使用归零法设计十二进制计数器。

设计步骤：

① 写出状态 S_N 的二进制代码。N=12，清零状态为 $S_N=S_{12}=1100$。

② 求归零逻辑表达式——清零信号表达式，即

$$\overline{CR}=\overline{Q_3Q_2}$$

③ 画连接电路图。其逻辑电路如图 2-7-3 所示。

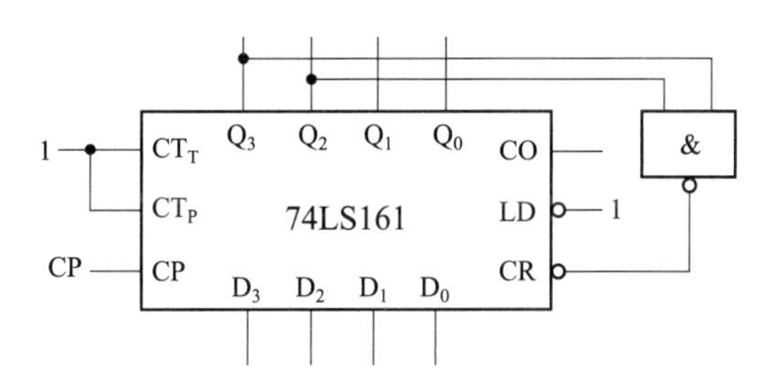

图 2-7-3　使用归零法设计十二进制计数器的逻辑电路

（2）用同步二进制计数器 74LS161 使用置数法设计十二进制计数器。

设计步骤：

① 写出状态 S_{N-1} 的二进制代码。

N=12，清零状态为 $S_{N-1}=S_{11}=1011$。

② 求归零逻辑表达式——清零信号表达式，即

$$\overline{LD}=\overline{Q_3Q_1Q_0}$$

③ 画连接电路图。其逻辑电路如图 2-7-4 所示。

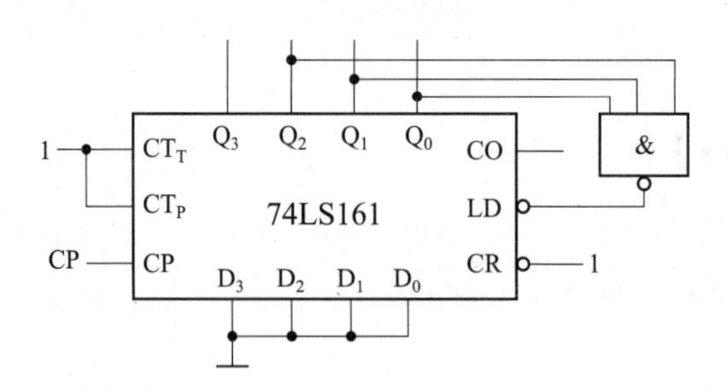

图 2-7-4　使用置数法设计十二进制计数器的逻辑电路

2. 选择元器件，连接电路

利用所学集成芯片，选择 4 位二进制 74LS161 计数器和 4 输入与非门 74LS20 芯片按照电路图连接电路。

3. 测试其逻辑功能

测试其逻辑功能，并将测试的实验数据分别填入表 2-7-1 和表 2-7-2 中。

表 2-7-1　十二进制计数器逻辑功能测试的实验数据（归零法）

CP	Q_3^n	Q_2^n	Q_1^n	Q_0^n
1	0	0	0	0
2				
3				
4				
5				
6				
7				
8				
9				
10				
11				
12				
13				

表 2-7-2　十二进制计数器逻辑功能测试的实验数据（置数法）

CP	Q_3^n	Q_2^n	Q_1^n	Q_0^n
1	0	0	0	0
2				
3				
4				
5				
6				
7				
8				
9				
10				
11				
12				
13				

【实验注意事项】

（1）在实验过程中，不能在电源接通的情况下连接导线和拆装集成芯片及元器件。

（2）集成芯片是有方向的，接实验箱时不能插反。

【问题讨论】

（1）用两片同步二进制计数器 74LS161 组成 24 进制计数器的方法有几种？如何设计？

（2）用两片同步十进制计数器 74LS160 组成 24 进制计数器的方法有几种？如何设计？

【实验报告】

（1）画出设计的逻辑电路图和测试电路的接线图。

（2）整理实验数据，填写好实验数据表。

（3）分析实验数据，得出电路的逻辑功能，画出状态转换图。

（4）记录在实验中遇到的故障问题及解决方法。

2.8　计数、译码与显示电路

【实验目的】

（1）了解简单数字电路系统的构成方法。

（2）掌握数字电路的综合应用。

（3）掌握组合逻辑电路和时序逻辑电路的设计方法。

（4）练习数字电路系统的连接与调试。

【实验原理】

本实验需要把组合逻辑电路中的显示译码器、数码管显示电路与时序逻辑电路中的计数器结合在一起，组成一个完整的计数与显示系统。

1. 计数部分

使用 74LS160 连接成一个十进制计数器。74LS160 为十进制计数器，具有异步清零和同步置数功能，上升沿触发。控制端及异步清零、同步置数作用与 74LS161 相同。74LS160 的引脚如图 2-8-1 所示。

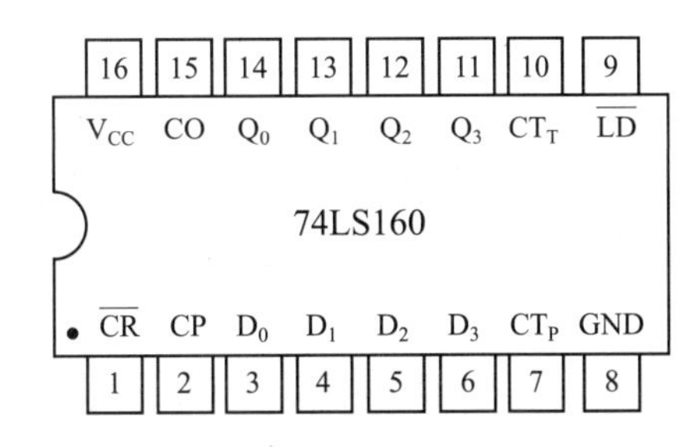

图 2-8-1　74LS160 的引脚

2. 译码与显示部分

1）七段 LED 数码管

LED 数码管是由发光二极管来显示字段的显示器件，在应用中经常使用的是七段发光二极管。

七段 LED 数码管的引脚如图 2-8-2（a）所示。它有 8 个发光二极管，其中 7 个发光二极管构成了七笔字形的“8”，一个发光二极管构成小数点。

七段发光二极管分别为a、b、c、d、e、f、g。通过不同发光段的组合，可以有数字0~9、字母A~F共16种显示，因此能方便地显示十六进制数。

LED显示有共阴极和共阳极两种类型，如图2-8-2（b）和图2-8-2（c）所示。

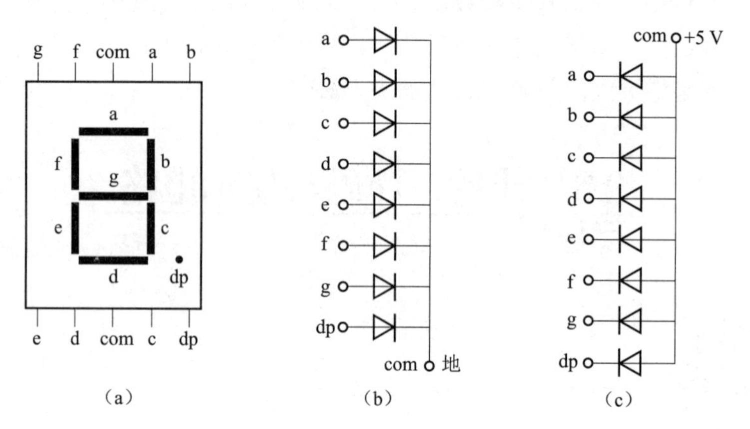

图2-8-2　七段LED数码管

（a）引脚；（b）共阴极；（c）共阳极

（1）共阴极数码显示结构。共阴极LED显示器的发光二极管的阴极连接到一起为公共端com，公共端接地，用高电平驱动二极管，当某发光二极管的阳极为高电平时，发光二极管点亮。如显示“2”时，则abged段的发光二极管的阳极为高电平，cf段的发光二极管的阳极为低电平，即gfedcba为1011011，用十六进制表示为5BH。这个驱动显示器显示的代码称为显示码。

（2）共阳极数码显示结构。共阳极LED显示器的发光二极管的阳极连接到一起为公共端com，公共端接地，用低电平驱动二极管，当某发光二极管的阴极为低电平时，发光二极管点亮。如显示“2”时，则abged段的发光二极管的阳极为低电平，cf段的发光二极管的阳极为高电平，即gfedcba为0100100，用十六进制表示为24H。

可见两种不同的结构，显示相同的数字时，显示码不同。

2）显示译码器

显示译码器是将十进制代码转换为驱动数码管显示代码的逻辑电路器件。

由于两种不同结构七段数码管的需要，显示译码器也分为驱动共阳极数码管和驱动共阴极数码管两种类型。

CD4511显示译码器是CMOS显示译码器，为驱动共阴极数码管。它的引脚如图2-8-3所示。

$\overline{BI}$为灭灯控制端：当$\overline{BI}$=0时，数码管各段都不亮，即数码管整体不亮。正常使用时，该控制端必须接高电平“1”。

$\overline{LT}$为灯测试功能端：当$\overline{LT}$=0，并且$\overline{BI}$=1时，数码管各段都亮，显示“8”。可用来检查数码管的好坏。正常使用时，该控制端必须接高电平“1”。

LE为锁存控制端：输入8421码，低电平有效。

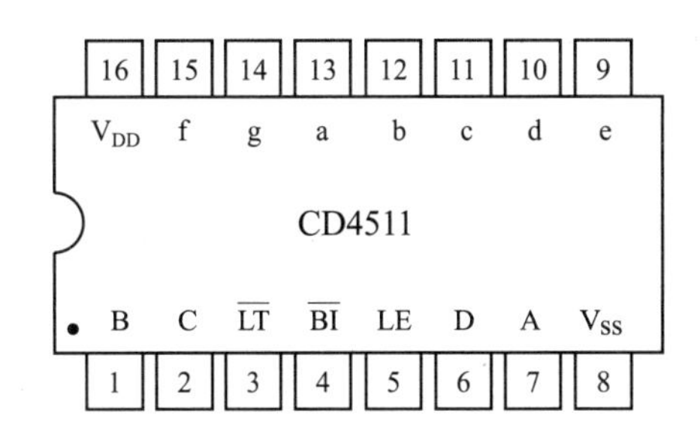

图 2-8-3　CD4511 的引脚

3）显示译码器与七段数码管的连接

以使用共阴极数码管为例，显示译码器与七段数码管的连接如图 2-8-4 所示。

3. 计数、译码和显示电路

输入脉冲通过计数器计数，计数器输出给显示译码器，再驱动数码显示器，构成了计数、译码和显示电路。其电路如图 2-8-5 所示。

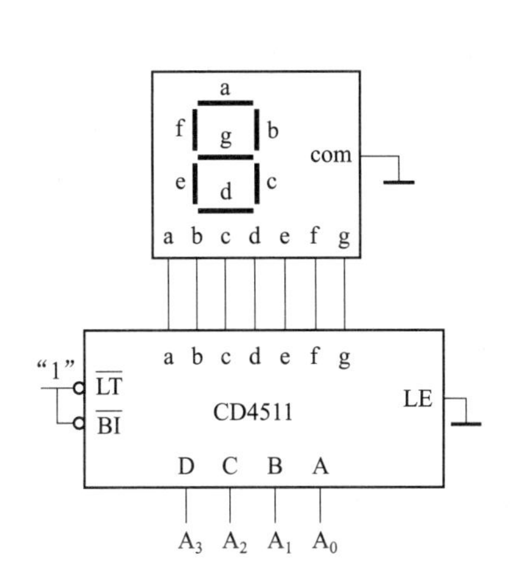

图 2-8-4　显示译码器与七段数码管的连接

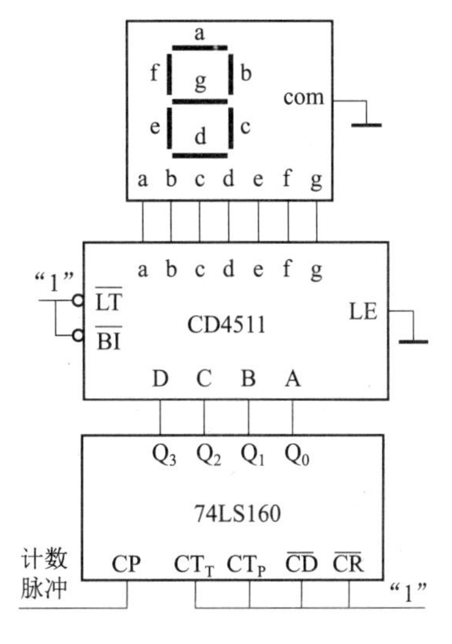

图 2-8-5　计数、译码和显示电路

【实验仪器与设备】

（1）数字电路实验箱（1 台）。

（2）集成电路 CD4511（1 片）。

（3）集成电路 74LS160（1 片）。

（4）LED 数码管（1 只）。

【预习要求】

（1）测试实验前应熟悉利用中规模集成电路构成任意进制计数器的使用方法和步骤。

（2）熟悉本实验所用各种集成电路的型号及引脚号。

（3）预习计数器设计的相关内容，独立完成用两种方法设计出八进制计数器。

（4）预习显示译码器、数码管、计数器的相关内容。

【实验内容与步骤】

设计十进制计数、译码和显示电路。

（1）使用 74LS160 设计十进制计数器，并画出连接电路图。

（2）设计计数、译码和显示电路，并画出连接电路图。

（3）按设计的电路图接线。

（4）检查无误后接通电源。

（5）输入单脉冲，观察数码管显示数字的变化情况，并将实验数据填入表 2-8-1 中。

表 2-8-1　计数、译码和显示电路测试的实验数据

CP	数码管显示数字	CP	数码管显示数字
1	0	7	
2		8	
3		9	
4		10	
5		11	
6			

【实验注意事项】

（1）在实验过程中，不能在电源接通的情况下连接导线和拆装集成芯片及元器件。

（2）集成芯片是有方向的，与实验箱连接时不能插反。

【问题讨论】

如何设计能够计数并显示 0~99 的计数、译码和显示电路？

【实验报告】

（1）画出设计的逻辑电路图和测试连接电路图。

（2）整理实验数据，填写好实验数据表。

（3）记录在实验中遇到的故障问题及解决方法。

2.9　555 定时器的应用

【实验目的】

（1）熟悉 555 定时器的基本工作原理及性能。

（2）掌握 555 定时器的典型应用。

【实验原理】

555 定时器是一种模拟 / 数字混合型的中规模集成电路，只要外接适当的电阻、电容等元件，可方便地构成单稳态触发器、多谐振荡器等脉冲产生或波形变换电路。定时器有双极型和 CMOS 两大类，结构和工作原理基本相似。通常双极型定时器具有较大的驱动能力，而 CMOS 定时器则具有功耗低、输入阻抗高等优点。图 2–9–1 所示为 555 定时器的内部逻辑及引脚，表 2–9–1 所示为其引脚名。

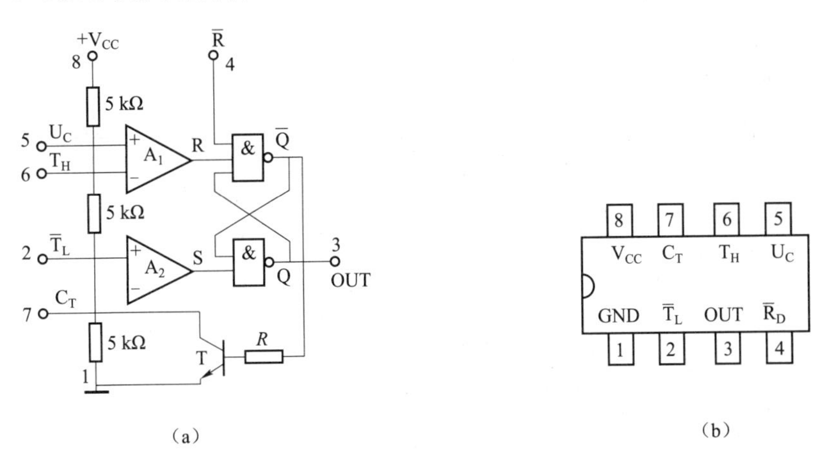

图 2–9–1　555 定时器的内部逻辑及引脚

表 2–9–1　555 定时器的引脚名

引脚号	1	2	3	4	5	6	7	8
引脚名	GND	T_C	OUT	R_D	U_C	T_H	C_T	V_{CC}
	地	触发端	输出端	复位端	电压控制	阈值端	放电端	电源端

从定时器内部逻辑图可见，它含有两个高精度比较器 A_1、A_2，一个基本 RS 触发器及放电晶体管 T。比较器的参考电压由 3 只 5 kΩ 的电阻组成的分压提供，它们分别使比较器 A_1 的同相输入端和 A_2 的反相输入端的电位为 $2/3V_{CC}$ 和 $1/3V_{CC}$，如果在引脚 5（电压控制端 U_C）外加控制电压，就可以方便地改变两个比较器的比较电平；当电压控制端 5 不用时，需在该端与地之间接入约 0.01 mF 的电容以清除外接干扰，保证参考电压稳定值。比较器 A_1 的反相输入端接高触发端 T_H（引脚 6），比较器 A_2 的同相输入端接低触发端$\overline{T}_L$（引脚 2），T_H 和 $\overline{T}_L$控制两个比较器工作，而比较器的状态决定了基本 RS 触发器的输出，基本 RS 触发器的输出一路作为整个电路的输出（引脚 3）；另一路接晶体管 T 的基极，控制它的导通与截止，当晶体管 T 导通时，给接于引脚 7 的电容提供低阻放电通路。

【实验仪器与设备】

（1）报警器电路板（1 块）。

（2）集成电路 555 定时器（1 片）。

（3）电阻、电容、发光二极管、按钮开关（若干）。

（4）数字万用表（1块）。

【预习要求】

预习555定时器的相关内容。

【实验内容与步骤】

用555定时器构成报警电路。

1. 实验电路

555定时器构成的报警电路如图2–9–2所示。a、b两端被一细铜丝接通，（电路中用按钮开关S代替），此铜丝置于盗窃者必经之处，当盗窃者闯入室内将铜丝碰断后，发光二极管发出一闪一闪的报警信号。

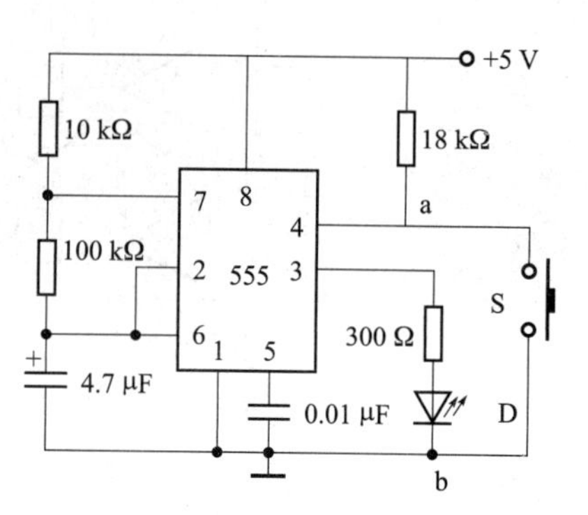

图2–9–2　555定时器构成的报警电路

2. 报警电路的焊接

按照图2–9–2焊接电路，把元件焊接在报警电路板上。

焊接元件时，注意发光二极管的正负极，电解电容的正负极，以及555定时器插接到芯片座的方向。

3. 电路的调试与测量

（1）报警电路焊接好后，需仔细检查，检查元件有没有焊错位置，或焊错正负极、漏焊焊点。

（2）连接5 V的电源，观察电路是否正常工作，即发光二极管是否闪动发光。如果发光二极管不亮，或不一闪一闪地发光，电路不工作，则需断开电源，查找电路的故障。

（3）电路正常工作后，将“开关”按钮S按下，相当于把防盗细铜丝加上，电路停止工作，发光二极管停止闪动。松开“开关”按钮S，相当于盗贼将防盗铜丝碰断，发光二极管立即闪亮报警。

（4）测量报警信号的频率

用数字万用表的“频率”挡测量报警信号的频率，将万用表的表笔接触电路的输出端a、b，将测量的频率值填入表2–9–2中。

根据元件数值计算555定时器构成的多谐振荡器的频率，填入表2–9–2中；并与测量值比较。

表2–9–2　频率测量的数据

频率值类型	频率测量值/Hz	频率计算值/Hz
频率值		

【实验注意事项】

（1）在实验过程中，不能在电源接通的情况下连接导线和拆装集成芯片及元器件。

（2）集成芯片是有方向的，与实验箱连接时不能插反。

（3）注意电容和发光二极管的极性。

【问题讨论】

（1）当发光二极管发出一闪一闪的报警信号时，应如何调整闪烁的频率？
（2）如何实现声音报警？

【实验报告】

（1）画出报警器连接的电路图。
（2）说明电路的工作原理。
（3）计算电路的振荡频率。
（4）记录在实验中遇到的故障问题及解决方法。

2.10　楼道触摸延时开关式节能灯的设计

【实验目的】

（1）学习电路工作原理的分析、电路的组装及调试。
（2）培养学生综合应用知识的能力、电路的组装技能、电路的调试技能及故障的排除能力。

【实验原理】

楼道触摸延时开关式节能灯的参考电路如图 2-10-1 所示。用红色发光二极管 LED 模拟灯的点亮与熄灭。

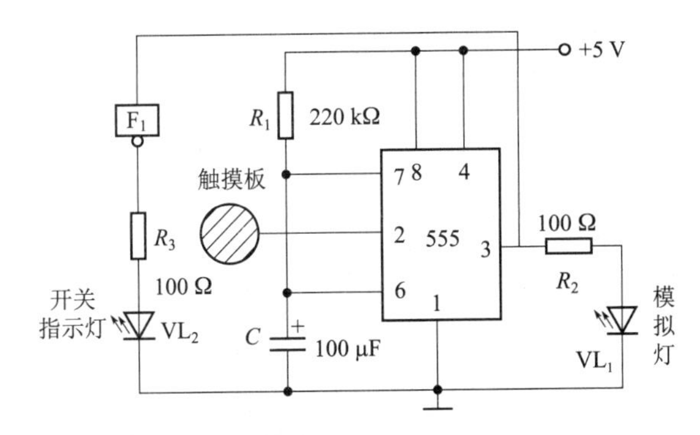

图 2-10-1　触摸延时开关式节能灯的参考电路

【实验仪器与设备】

（1）数字万用表（1 台）。
（2）印制电路板（1 块）。
（3）集成电路 555 定时器（1 片）。

（4）非门 74LS04（1 片）。
（5）电阻、电容、发光二极管（若干）。

【预习要求】

预习 555 定时器的相关内容。

【实验内容与步骤】

（1）分析电路的工作原理。
（2）按图 2-10-1 连接电路。
（3）调整电路使其正常工作。
（4）设计楼道触摸延时开关式节能灯，其功能为：手触摸开关的感应金属片后，灯立即点亮；人通过楼道一定时间后，灯自动熄灭。计算并测试其延迟时间。

① 调整有关元件的数据，使灯点亮延迟的时间分别为 10 s、60 s。

② 灯不亮时，开关有绿色发光二极管发光指示，显示开关的位置。灯亮时，发光二极管不亮。

【实验注意事项】

（1）在实验过程中，不能在电源接通的情况下连接导线和拆装集成芯片及元器件。
（2）集成芯片是有方向的，接实验箱时不能插反。
（3）注意电容和发光二极管的极性。

【问题讨论】

（1）如何调整电路使其正常工作？
（2）如何计算其延迟时间，并测试延迟时间？
（3）如何调整有关元件的数据，使灯点亮延迟的时间分别为 10 s、60 s？

【实验报告】

（1）分析电路的工作原理。
（2）按设计的电路图连接电路。
（3）记录在实验中遇到的故障问题及解决方法。

2.11　彩灯循环显示控制电路的设计

【实验目的】

（1）学习电路工作原理的分析、电路的组装及调试。
（2）培养学生的知识综合应用能力、电路的组装技能、电路的调试技能及故障的排除能力。

【实验原理】

电路由脉冲发生器、发光二极管和电源电路组成。555 定时器构成多谐振荡器，产生脉冲信号。CD4017 构成十进制计数器 / 脉冲分配器，在不同的输出端循环输出脉冲信号。

CD4017 具有 10 个译码输出端，时钟输入端的斯密特触发器具有脉冲整形功能，对输入时钟脉冲上升和下降时间无限制，提供了快速操作、2 输入译码选通和无毛刺译码输出。防锁选通，保证了正确的计数顺序。译码输出一般为低电平，只有在对应时钟周期内保持高电平。每 10 个时钟输入周期 CO 信号完成一次进位，并用作多级计数链的下级脉动时钟。

CD4017 的引脚如图 2-11-1 所示。

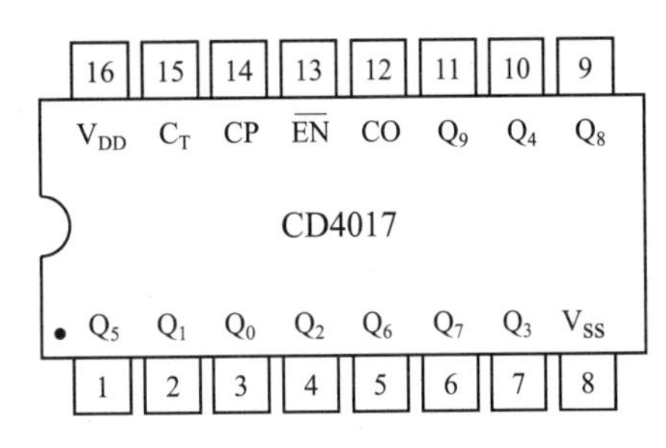

图 2-11-1 CD4017 的引脚

【实验仪器与设备】

（1）数字万用表（1 台）。

（2）印制电路板（1 块）。

（3）集成电路 555 定时器、集成电路 CD4017（各 1 片）。

（4）按键（1 个）。

（5）电阻、电容、发光二极管（若干）。

【预习要求】

预习 555 定时器的相关内容。

【实验内容与步骤】

（1）设计出彩灯循环显示控制电路的电路图。

（2）说明电路的组成结构与工作原理。

（3）用元器件连接成电路，并调试成功。

（4）研究循环速度的调整方法。

彩灯循环显示控制的参考电路如图 2-11-2 所示。

【实验注意事项】

（1）在实验过程中，不能在电源接通的情况下连接导线和拆装集成芯片及元器件。

（2）集成芯片是有方向的，与实验箱连接时不能插反。

（3）注意电容和发光二极管的极性。

【问题讨论】

（1）如何控制 10 只彩灯顺序轮流点亮，并且一直循环？

（2）“暂停”按钮如何控制循环停止与循环继续？

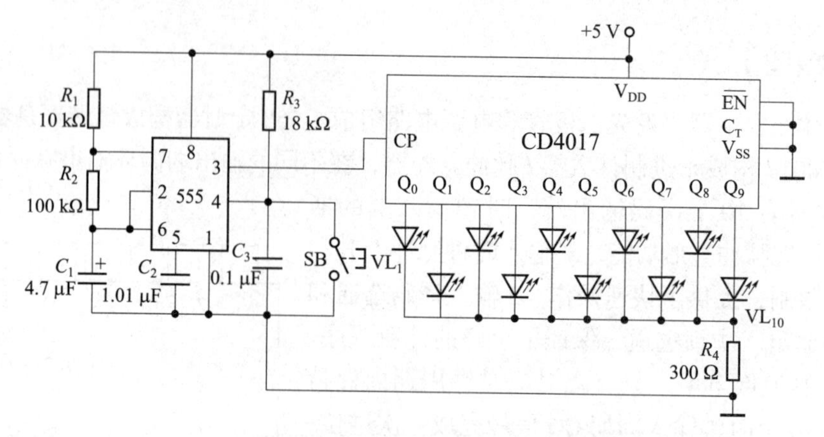

图 2–11–2　彩灯循环显示控制的参考电路

【实验报告】

（1）画出彩灯循环显示控制电路的连接图。

（2）说明电路的工作原理。

（3）记录在实验中遇到的故障问题及解决方法。

2.12　反应速度测试电路的设计

【实验目的】

（1）学习电路工作原理的分析、电路的组装及调试。

（2）培养学生综合应用知识的能力、电路的组装技能、电路的调试技能及故障的排除能力。

【实验原理】

设计反应速度测试电路，其功能为测试人的反应速度。此电路设计的技术指标如下：

（1）用指示灯的亮灭显示人的反应速度。有 8 只指示灯在测试准备阶段都亮，开始测试后，按一定时间间隔依次熄灭。测试人按下“测试”按钮，指示灯停止熄灭，此时若亮的指示灯越多，则说明测试者的反应速度越快。

（2）设置测试开始灯，测试开始灯一亮，表示测试开始，测试者看到测试开始灯亮，立即按下“测试”按钮。

设计反应速度测试的参考电路如图 2–12–1 所示。

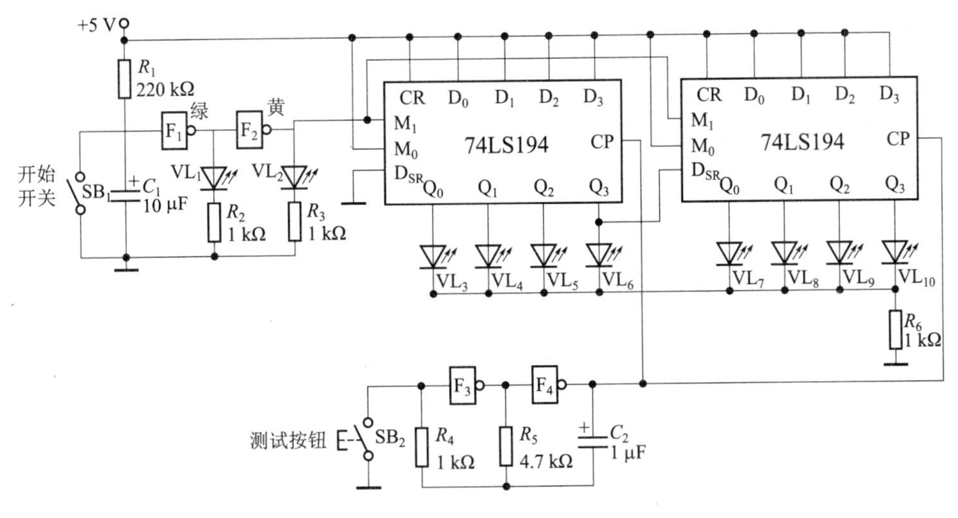

图 2-12-1　反应速度测试的参考电路

【实验仪器与设备】

（1）面包板（1 块）。

（2）数字万用表（1 块）。

（3）直流稳压电源（1 台）。

（4）移位寄存器 74LS194（2 片）。

（5）集成电路 74LS04（1 片）。

（6）电阻、电容、发光二极管等（若干）。

【预习要求】

预习集成电路 74LS194 的功能和各引脚的作用。

【实验内容与步骤】

（1）设计反应速度测试电路的电路图，并分析电路的工作原理。

（2）按图 2-12-1 连接电路，说明电路的组成结构与工作原理。

（3）用元器件连接成电路，并调整电路使其正常工作。

移位寄存器 74LS194 的引脚如图 2-12-2 所示。

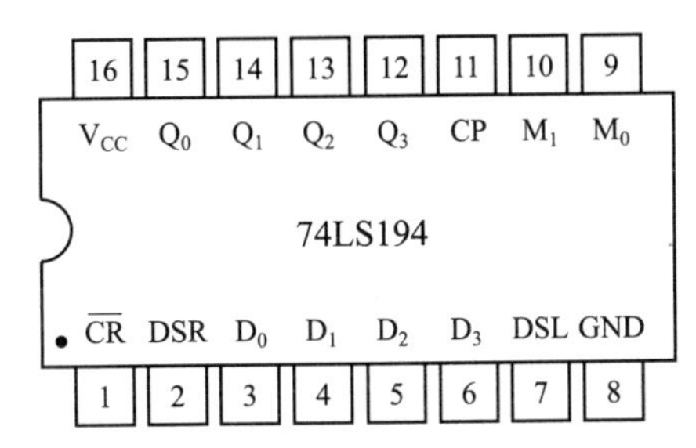

图 2-12-2　移位寄存器 74LS194 的引脚

【实验注意事项】

（1）在实验过程中，不能在电源接通的情况下连接导线和拆装集成芯片及元器件。
（2）集成芯片是有方向的，与实验箱连接时不能插反。
（3）注意电容和发光二极管的极性。

【问题讨论】

为什么亮的指示灯越多，说明测试者的反应速度越快?

【实验报告】

（1）画出反应速度测试的电路图。
（2）说明电路的工作原理。
（3）记录在实验中遇到的故障问题及解决方法。

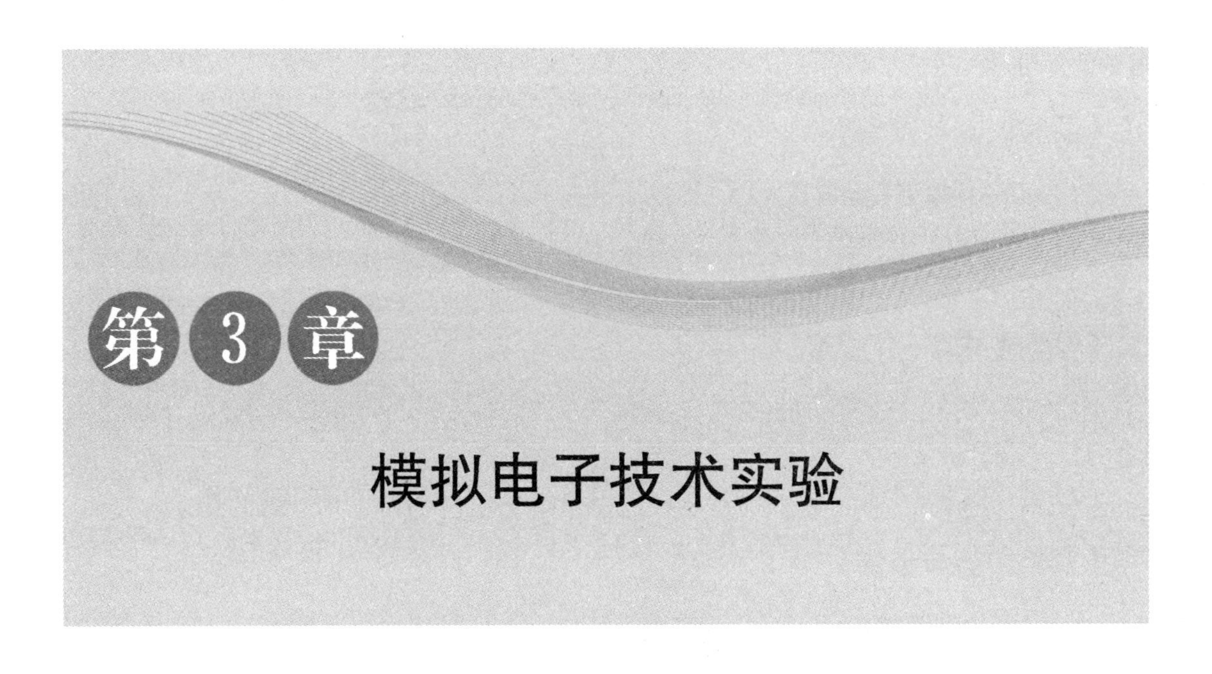

3.1 常用电子仪器的使用

【实验目的】

（1）学会正确使用信号发生器。

（2）学会示波器的调整方法，初步掌握利用示波器来观察和测量正弦波信号的操作方法。

【实验原理】

函数信号发生器是用来输出一定频率和一定电压幅度的正弦波、方波、三角波等信号的电子仪器。函数信号发生器为电子设备、电子电路提供所需的输入信号。

示波器是用来观察和测量各种信号的电子仪器。示波器可以观察各种信号的波形，也可以测量波形的峰值电压，从而得到被测信号电压的有效值。另外，还可以根据扫描时间刻度值来读取信号的周期，从而得到被测信号的频率。

1. 正弦波信号的测量

正弦波的主要参数为幅值、周期或频率。测量正弦波的峰峰值时，读出波形峰峰值在垂直方向所占的格数 H，以及垂直刻度数 a（电压 / 格），则可得正弦波的峰峰值 $V_{P-P}=H\times a$，幅值 $U_m=\dfrac{U_{P-P}}{2}$，有效值 $U=\dfrac{U_m}{\sqrt{2}}$。测量周期时，读出正弦波一个周期在水平方向所占格数 L，以及水平刻度值 b（时间 / 格），则正弦波周期为 $T=L\times b$。

2. 方波脉冲信号的测量

方波脉冲信号的主要波形参数为周期 T、脉冲宽度 t_P 及幅值 U_m，测量方法与正弦波信号的测量相同。

【实验仪器与设备】

（1）GDS-1042 双踪示波器（1 台）。

（2）SFG-1013E 低频信号发生器（1 台）。

（3）交流电压表（1 台）。

【预习要求】

（1）阅读有关示波器部分的内容，掌握操作示波器有关旋钮的步骤，以便从示波器上观察到稳定、清晰的波形。

（2）阅读信号发生器使用方法的说明，并观察信号发生器能产生哪几种波形。

【实验内容与步骤】

一、仪器的使用方法

1. 函数信号发生器的使用方法

功能简介：能产生正弦波、方波、三角波和 TTL 输出。

频率范围：0.1 Hz~3 MHz。

振幅：0.5 mV~10V_{P-P}。

使用方法：

（1）选择波形：按“SHIFT”键一次，再按下“WAVE”键选择波形，如正弦波、方波、三角波。

（2）调整衰减：按“SHIFT”键一次，选择衰减 40 dB。

（3）调整振幅：按“SHIFT”键一次，再按下“V/F”键，液晶屏显示振幅。调节“ADJ”旋钮，从而改变输出函数的振幅。

（4）调整频率：按“SHIFT”键一次，再按下“V/F”键，液晶屏显示频率。以 5 kHz 为例说明，首先按下“数字”键“5”；然后按下“SHIFT”键，再按下“数字”键“9”，这样屏幕上就显示 5 kHz 了。频率微调应旋转“FREQUENCY”。

（5）最后按下“OUTPUT ON”键，输出线接“MAIN 50 Ω”输出口。

2. 示波器的使用方法

（1）打开示波器的电源开关。

（2）选择通道——CH1，按下“CH1”按钮。按钮亮，则为选中该通道。

（3）设置探头的衰减系数——按下“3 号”菜单选择键，在弹出探头的衰减系数菜单中设置为“1X”，同时把信号源探头和示波器探头都设置成衰减系数“1X”。

（4）连接电路，将信号源连接到电路输入端，并将示波器连接到电路测试的位置。

（5）按“运行控制”键中的“AUTO”键，示波器显示屏上显示出测试的波形。

（6）当显示屏上显示波形不合适时，进行波形调整。

当波形高矮不合适时，可调节垂直控制部分的“灵敏度”旋钮（垂直方向每格 × × V 或 × × mV）；当波形水平过稀或过密时，可调节水平控制部分的“扫描时间”旋钮（水平

方向每格 ×× ms 或 ×× μs），将波形调整合适。

（7）测量波形参数：

① 按下常用菜单中的“MEASURE”键。

② 选择测量通道，如 CH1，按下“1 号”菜单选择键，然后在弹出的菜单中选择“CH1”。

③ 选择测量项目。

如测量电压的峰峰值，则需先按下“2 号”菜单选择键，然后在弹出的菜单中选择“峰峰值”，此时在屏幕左下角显示出测量结果。

如测量信号的周期或频率，则需先按下“3 号”菜单选择键，然后在弹出的菜单中选择“周期”或“频率”，此时在屏幕左下角显示出测量结果。

二、实验内容

（1）调节函数信号发生器输出 1 kHz/50 mV 的正弦波信号。

① 选择输出波形的类型。

② 选择频率范围。

③ 调节频率值，显示屏显示 1 kHz。

④ 将函数信号发生器的输出口连接到交流电压表上，如图 3–1–1 所示。

⑤ 调节函数信号发生器的“正弦波输出幅度”旋钮，使交流电压表的显示达到 50 mV。

（2）调节示波器正常工作。

（3）将调好的正弦波信号输入到示波器的 CH1 或 CH2 通道，连接图如图 3–1–2 所示，调节示波器有关控制旋钮，使显示屏上显示出清晰、稳定、大小适中的正弦波形。

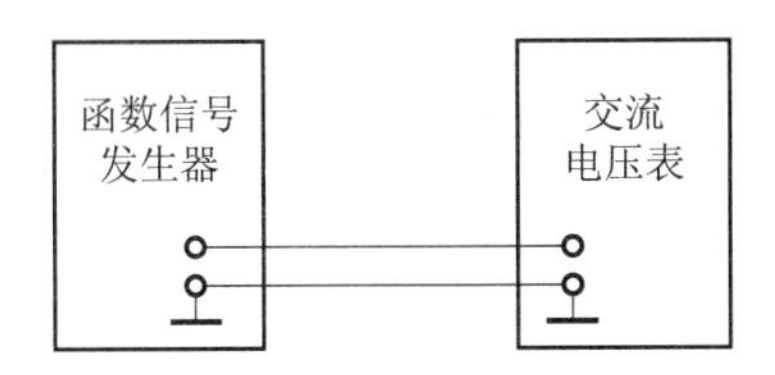

图 3–1–1　用交流电压表测量信号发生器的输出电压

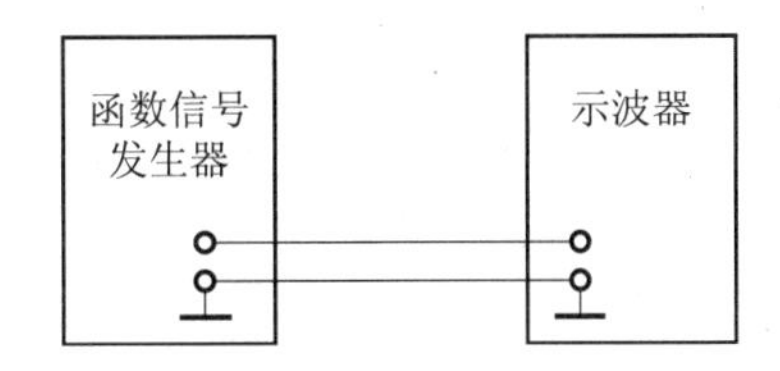

图 3–1–2　用示波器观察信号发生器的输出信号

（4）按照表 3–1–1 中的数据，通过改变函数信号发生器输出信号的幅值和频率来调节示波器，观察其波形，并分别用电压表测量信号的有效值和用示波器测量信号的幅值，将测量数据填入表 3–1–1 中。

表 3–1–1　不同频率和幅值的正弦波信号

f	50 Hz	200 Hz	500 Hz	5 kHz	10 kHz
U_i 设置值	20 mV	20 mV	10 mV	10 mV	10 mV
电压表测量值					

（5）用示波器测量两个波形。示波器双踪显示波形的实验电路如图 3–1–3 所示。

按图 3–1–3 连接实验电路，将信号源的调整输出频率为 1 kHz、有效值为 2 V 的正弦波，经电位器 R 获得频率相同的两路信号 u_i 和 u_o，分别加到示波器的 CH1 和 CH2 输入端；调节示波器，显示两路稳定的波形；比较两路波形的幅度与相位关系；画出两路的波形图。

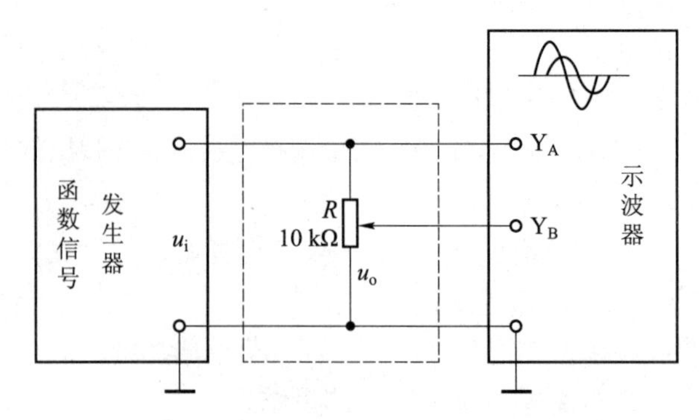

图 3-1-3　示波器双踪显示波形的实验电路

【实验注意事项】

（1）“探头衰减”设置必须与探头实际衰减一致（按通菜单显示）。

（2）若波形超出了显示屏（过量程），则此时读数不准确或为“?”，需调整垂直标度，以确保读数有效。

（3）信号的频率显示与右下角的频率不一致时（此时波形不稳），按“触发菜单”按钮，改变触发的信号源，单通道输入时选择“信号”做信源，并选择“触发耦合”按钮。若信号频率不高，则选择“高频抑制”按钮；若信号频率较高，则选择“低频抑制”按钮。

（4）如果读数区显示“?”，则为波形记录不完整，需使用电压 / 格和时间 / 格来纠正此问题。

（5）如果信号很小（几毫伏），则波形上叠加了噪声电压，（此时波形不稳且不清晰），需按“采集”键，选择“平均”模式来降低噪声，次数越高，波形越好。

【问题讨论】

（1）如何使函数发生器输出 1 kHz/10 mV 的正弦波信号?

（2）当用示波器观测正弦波信号时，如显示屏上显出图 3-1-4 所示的波形，那么它们各自是由什么原因引起的? 应如何调节示波器才能使波形恢复正常?

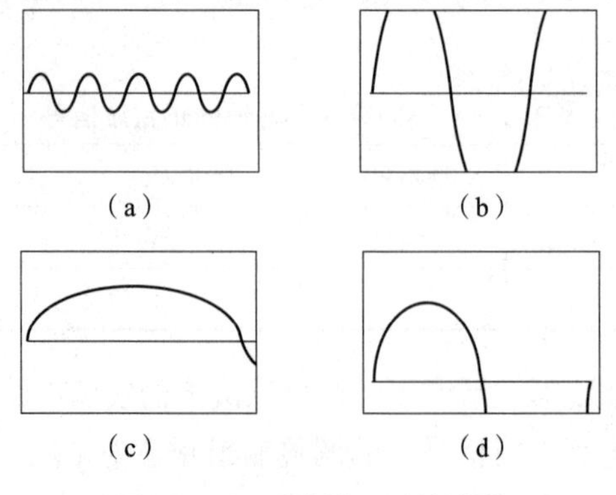

图 3-1-4　示波器显示的波形

【实验报告】

（1）整理表 3–1–1 中的实验数据。
（2）在坐标纸上画出两路的波形图。
（3）回答【问题讨论】中的内容。

3.2　半导体二极管、三极管的测试

【实验目的】

（1）学会使用数字万用表判别二极管的管脚极性。
（2）测量二极管的基本参数和判断二极管的好坏。
（3）学会使用数字万用表判别三极管的类型和管脚。
（4）判别三极管的质量与参数测量。

【实验原理】

（1）二极管由一个 PN 结组成，PN 结正向偏置时导通，电阻小；反向偏置时截止，电阻大。因此，只要测量二极管的正反向电阻，就可以判断二极管的极性，同时也可以判断二极管的好与坏。

（2）三极管可以看成由两个 PN 结串联组成，如图 3–2–1 所示。对于基极来讲，NPN 型两个 PN 结都是正向连接，PNP 型都是反向连接，利用该特点，就可以用数字万用表的“欧姆”挡测量正反向电阻的方法测出三极管的基极，并可判断出三极管的类型。利用数字万用表的“hFE”挡专用测量口还可以测量三极管的 β 值。

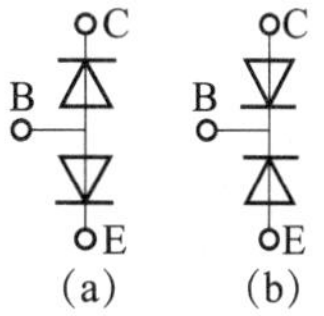

图 3–2–1　三极管的等效结构
（a）NPN 型；（b）PNP 型

【实验仪器与设备】

（1）数字万用表（1 块）。
（2）二极管（2 只）。
（3）三极管（9012 和 9013 各 1 只）。

【预习要求】

（1）预习二极管的相关知识，掌握二极管的特性及测量方法。
（2）预习三极管的相关知识，掌握三极管的原理及测量方法。

【实验内容与步骤】

1. 测试二极管

（1）二极管极性的判别。一般使用数字万用表的“欧姆”挡测量二极管，将红、黑表笔分别接在二极管的两端，再反过来测一次，当显示数值较小的那一次，红表笔一端为二极管的 P 端（即正极性端）；黑表笔一端为二极管的 N 端（即负极性端）。

（2）二极管正反向电阻的测量。调整数字万用表为欧姆表，选择合适的挡位分别测量二极管的正反向电阻，并将测试结果填入表 3–2–1 中。

（3）测量二极管的正向导通压降。用数字万用表的二极管测量挡，测量二极管的正向导通电压的大小并判断二极管的材料，将测试结果填入表 3–2–1 中。

表 3–2–1　二极管的测量数据

元件类型	正向电阻值 / Ω	反向电阻值 / Ω	正向导通压降 /V	类型
二极管（1）				
二极管（2）				

（4）根据测试结果判断如下：

① 如果正向电阻很小、反向电阻很大，则说明二极管是好的，差值越大质量越好。

② 如果正、反向电阻都为零，则说明二极管被击穿，不能使用。

③ 如果正、反向电阻都为无穷大，则说明二极管断路，不能使用。

2. 测量三极管

当看不清三极管的型号，或者没有网络查找它是 PNP 型还是 NPN 型时，可以用数字万用表进行测量。下面介绍两种测量三极管的方法。

[方法 1]

（1）将挡位调至“三极管”挡，如图 3–2–2 所示。

（2）红表笔放中间，黑表笔放左边，看有没有读数。若有，则红表笔端为 P，黑表笔端为 N；若没有，将红、黑表笔反过来再测一次（若两次都没有示数，则说明三极管可能损坏）。测量结果如图 3–2–3 所示。

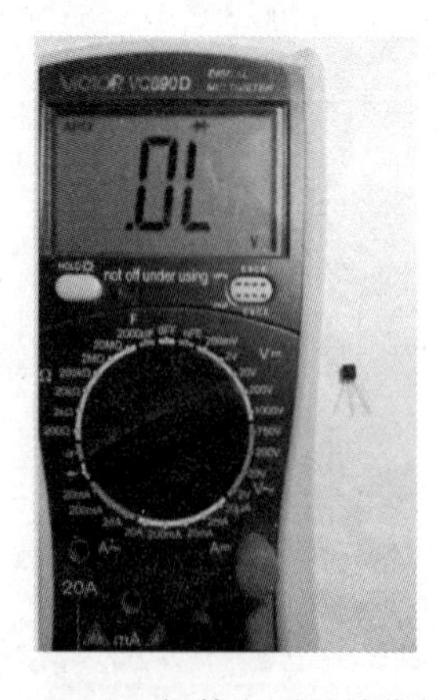

图 3–2–2 “三极管”测量挡位的选择

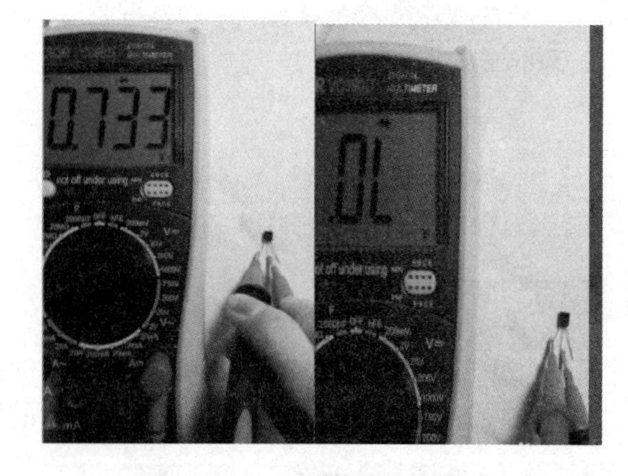

图 3–2–3　三极管测量结果 1

（3）用同样方法测中间和右边的两个脚，由图 3–2–4 可以看出，中间为 P，右边为 N。结合前面的测量可知，这是个 NPN 型的三极管。

［方法 2］如果你的数字万用表比较高级，则可用如下步骤测试：

（1）将挡位打至“hFE”挡，如图 3–2–5 所示。

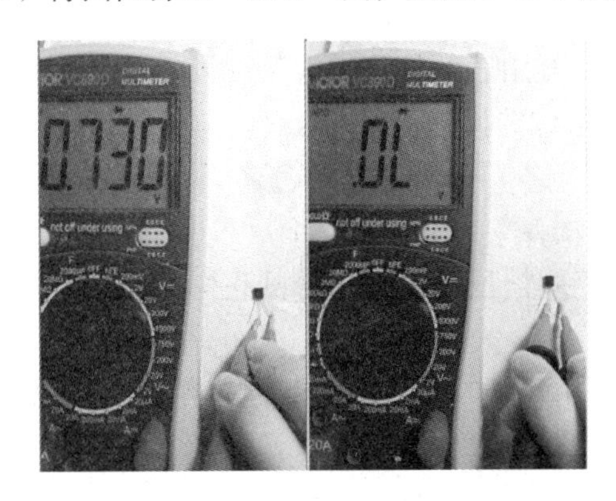

图 3–2–4　三极管测量结果 2

图 3–2–5　“hFE”挡位测量三极管

（2）图 3–2–5 中所示，在显示屏右下角有个插三极管的地方，猜测三极管是 PNP 型，将三极管插入下面的一排插口中，即 PNP 的插口，改变 3 个脚插入不同的孔，发现都是“0”示数，结果如图 3–2–6 所示。

（3）然后改插 NPN 的口，发现一个读数是“11”，一个读数是“258”。观察“258”读数时，发现三极管插在 NPN 口处，所以是 NPN 型管，而且还能测出 E、B、C 三个脚，插孔上对应的 E、B、C 即是对应的三极管的管脚极性。图示三极管为 NPN 三极管，平面对着自己从左到右为 E、B、C，结果如图 3–2–7 所示。

图 3–2–6　三极管测试结果 1

图 3–2–7　三极管测试结果 2

利用第二种方法测量三极管的 β 值。将数字万用表的挡位拨到“hFE”挡，将三极管插入测量口，注意类型和管脚顺序，插好后显示的数值即为三极管的 β 值。用这个方法同时可以检测三极管的类型和好坏，将测量数据填入表 3–2–2 中。

表 3–2–2　三极管的测量数据

三极管型号	β	类型	材料
9012			
9013			

【实验注意事项】

（1）二极管种类繁多，但其测量的基本方法就是这样。

（2）测量时保证数字万用表的电量充足；万用表的红、黑表笔插孔正确，红表笔插入V/Ω 孔，黑表笔插入 COM 孔；数字万用表的挡位选择是否正确合理。

【问题讨论】

（1）为什么用数字万用表“欧姆”挡的不同挡位测得二极管的正向电阻的阻值会有所不同?

（2）三极管是由两个 PN 结组成，是否可以用两只二极管对接代替三极管呢？请说明原因。

（3）三极管的集电极和发射极是否可以互换使用?

【实验报告】

（1）整理实验数据，将测量数据填入表 3–2–1 和表 3–2–2 中。

（2）在图 3–2–8 中标出被测二极管的极性、三极管的管脚。

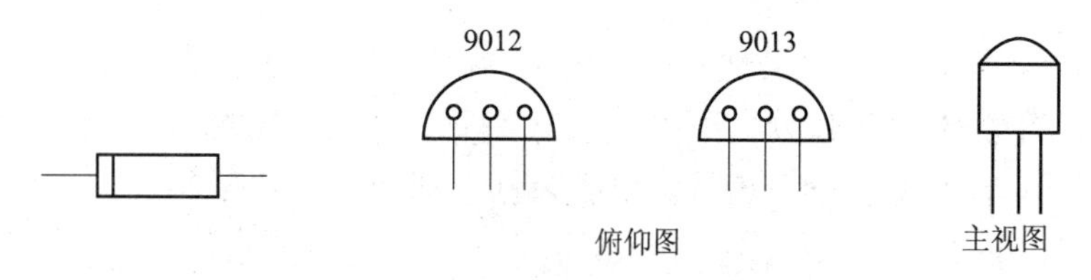

图 3–2–8　二极管、三极管的示意图

（3）回答【问题讨论】中的内容。

3.3　单管共发射极放大器的测试

【实验目的】

（1）掌握放大电路静态工作点的测量和调试方法；研究静态工作点对输出波形的影响。

（2）掌握放大电路电压放大倍数的测试方法；研究负载电阻对电压放大倍数的影响。

（3）观察共发射极放大电路输出与输入波形之间的相位关系。

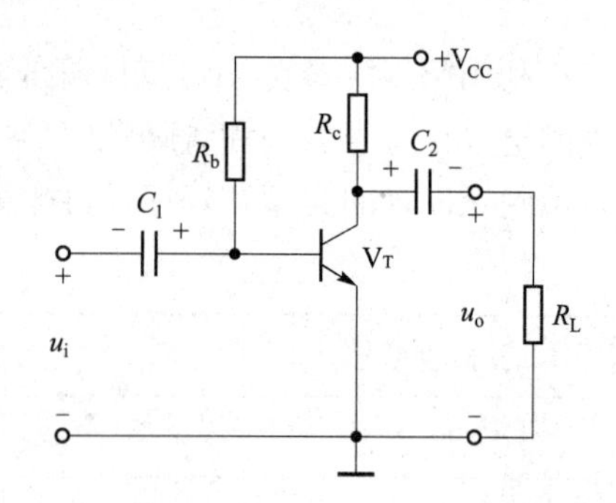

图 3–3–1　单管共发射极放大电路的原理

【实验原理】

单管共发射极放大电路的原理如图 3–3–1 所示。

1. 放大电路的静态工作点

电路主要利用基极偏置电阻 R_b 调整静态工作点，有

$$I_{BQ}=\frac{V_{CC}-U_{BEQ}}{R_b} \quad (3\text{-}3\text{-}1)$$

$$I_{CQ}\approx\beta I_{BQ} \quad (3\text{-}3\text{-}2)$$

$$U_{CEQ}=V_{CC}-I_{CQ}R_C \quad (3\text{-}3\text{-}3)$$

由于基极电流 I_{BQ} 的大小不同，所以静态工作点在负载线上的位置不同。I_{BQ} 不合适，会使输出波形出现失真现象。当 R_B 偏大时，I_{BQ} 就会偏小，使输出波形出现截止失真现象；当 R_B 偏小时，I_{BQ} 会偏大，使输出波形出现饱和失真现象；如图 3–3–2 所示。只有 R_B 调整合适时，电路有合适的静态工作点，输出波形才不出现失真现象。

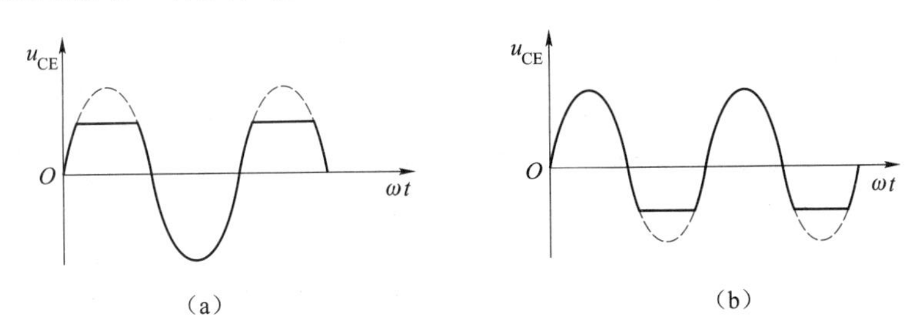

图 3–3–2　输出电压失真波形

（a）截止失真波形；（b）饱和失真波形

2. 电压放大倍数 A_u

$$A_u=\frac{u_o}{u_i} \quad (3\text{-}3\text{-}4)$$

电压放大倍数的测量方法是动态时用示波器测量输入信号和输出信号电压的幅值，根据式（3–3–4）计算出电压放大倍数，即

$$A_u=\frac{u_o}{u_i}=\frac{-\beta R'_L}{r_{BE}} \qquad (R'_L=R_C\,/\!/\,R_L) \quad (3\text{-}3\text{-}5)$$

由式（3–3–5）可见，电压放大倍数与负载成正比，但空载和有载时的放大倍数是不一样的。

【实验仪器与设备】

（1）模拟电子技术实验箱（1 台）。

（2）实验电路板（1 块）。

（3）双踪示波器（1 台）。

（4）低频信号发生器（1 台）。

（5）交流电压表（1 块）。

【预习要求】

（1）阅读教材中有关单管放大电路的内容并估算实验电路的性能指标。假设：β=100，R_B=560 kΩ，R_C=3 kΩ，R_L=3 kΩ。

估算放大器的静态工作点、电压放大倍数 A_u、输入电阻 R_i 和输出电阻 R_o。

（2）阅读单管共发射极放大电路的原理，了解静态工作点的调节方法。

（3）熟悉实验电路各元件的作用及实验内容和步骤。

【实验内容与步骤】

实验电路板如图 3-3-3 所示。

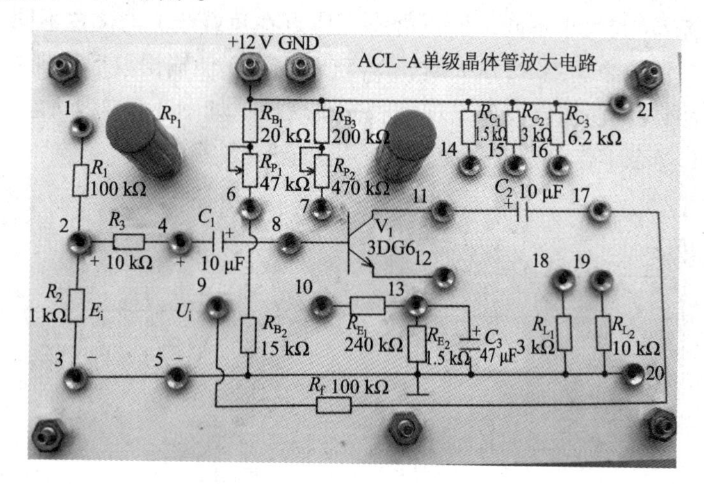

图 3-3-3　实验电路板

1. 设备参数设置及电路的连接

（1）按图 3-3-3 连接电路：21-V_{CC}、7-8、11-14、12-20、U_i-4 和 17- 示波器。

（2）电源设置：V_{CC}=+12 V 接入电路。

（3）信号 u_i 调节：调节信号发生器输出正弦波信号，频率为 1 000 Hz，幅值为 15 mV，接入放大电路的输入端。

（4）将示波器设置成双踪观察形式，用 CH1 端观察输入信号，用 CH2 端观察输出信号，按下示波器的“AUTO”键。

2. 静态工作点的调整与测量

（1）调节 R_{P_2}，使输出波形为不失真状态，并达到最大幅度。

（2）在不失真状态下撤掉输入信号，用万用表测量此时的 R_{P_2} 的阻值；用直流电压表和电流表测量 I_{BQ}、I_{CQ}、U_{CEQ}，并将数据填入表 3-3-1 中。

表 3-3-1　测量静态工作点数据

测试条件 /kΩ	I_{BQ}/mA	I_{CQ}/mA	U_{CEQ}/V
R_{P_2}=			

（3）调节 R_{P_2}，使输出波形分别出现截止失真现象、饱和失真现象，并将输出波形画在图 3-3-4 中（画波形图时应注意使输出与输入波形保持同频率）。

3. 测量电压放大倍数及输入、输出电压相位关系

（1）调节 R_{P2}，使输出波形达到最大不失真状态；

（2）将输出端空载，即断开 R_L。用交流电压表测量 U_o 与 U_i，将数据填入表 3-3-2 中，并计算放大倍数 A_u。

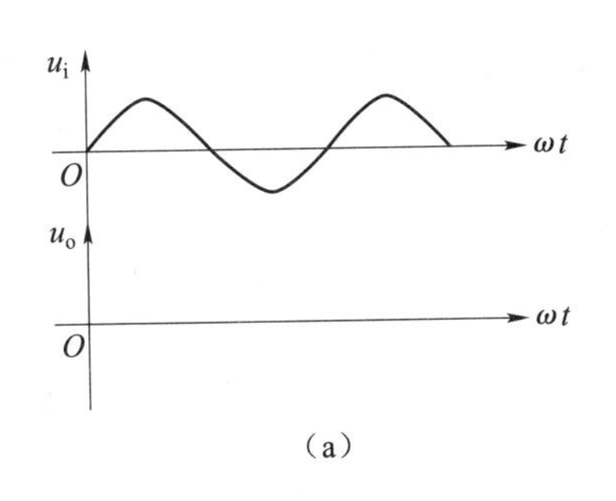

（a）

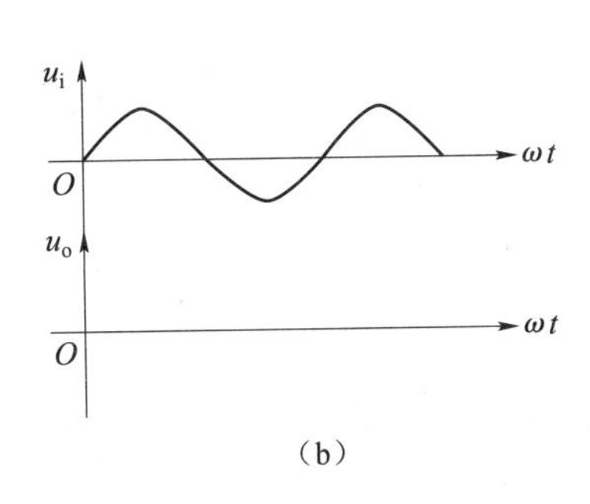

（b）

图 3-3-4　截止失真波形和饱和失真波形

（a）截止失真波形；（b）饱和失真波形

（3）再将输出端接入负载 R_L，即连接 17–18，接入负载电阻 3 kΩ，测量 U_o 与 U_i，将数据填入表 3-3-2 中，并计算放大倍数 A_u。

表 3-3-2　电压放大倍数测量数据

测试条件	U_i/mV	U_o/V	A_u
$R_L=+\infty$			
$R_L=3\ k\Omega$			

（4）用双踪示波器观察输入电压与输出电压的相位关系，并将波形画在图 3-3-5 中（注意输出与输入波形要保证同频率）。

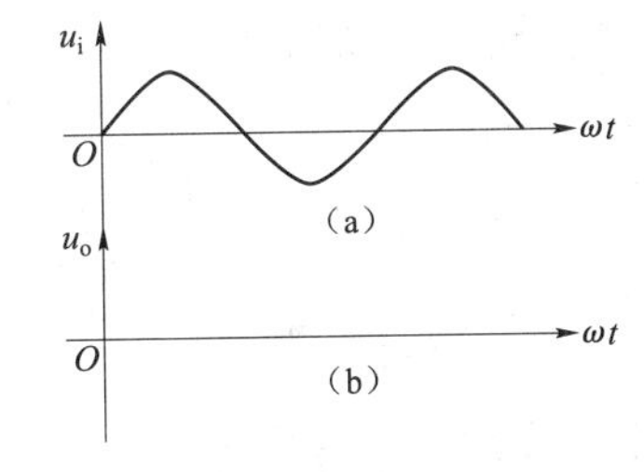

图 3-3-5　输入电压和输出电压的相位关系

（a）输入波形；（b）输出波形

【实验注意事项】

（1）电路板的接线要正确。

（2）测试中，函数信号发生器、交流电压表、示波器中任一仪器的两个测试端子接线不得调换。

【问题讨论】

（1）当输出波形出现饱和失真现象时，如何调节放大电路的 R_{P_2} 来消除饱和失真？当输出波形出现截止失真现象时，如何调节放大电路的 R_{P_2} 来消除截止失真？

（2）怎样测量 R_{P_2} 阻值？

（3）测试中，如果将函数信号发生器、交流电压表、示波器中任一仪器的两个测试端子接线换位（即各仪器的接地端不再连在一起），将会出现什么问题？

【实验报告】

（1）整理实验数据，并将其记录于表。

（2）画出要求的输出波形图。

（3）回答【问题讨论】中的内容。

3.4 射极输出器的性能测试

【实验目的】

（1）验证射极输出器的特性。
（2）掌握射极输出器性能指标的测试方法。

【实验原理】

射极输出器的电路如图 3-4-1 所示。

射极输出器的特点是电压放大倍数 $A_u \leqslant 1$，输出电压与输入电压同相；输入电阻大、输出电阻小。

$$A_u=\frac{u_o}{u_i}=\frac{(1+\beta)R'_E}{r_{BE}+(1+\beta)R'_E}\leqslant 1\ (R'_E=R_E /\!/ R_L) \quad (3\text{-}4\text{-}1)$$

$$R_i=R_B /\!/ [r_{BE}+(1+\beta)R'_L]\ (R'_L=R_C /\!/ R_L) \quad (3\text{-}4\text{-}2)$$

$$R_o=\frac{r_{BE}+R'_S}{1+\beta} /\!/ R_E\ (R'_S=R_S /\!/ R_B) \quad (3\text{-}4\text{-}3)$$

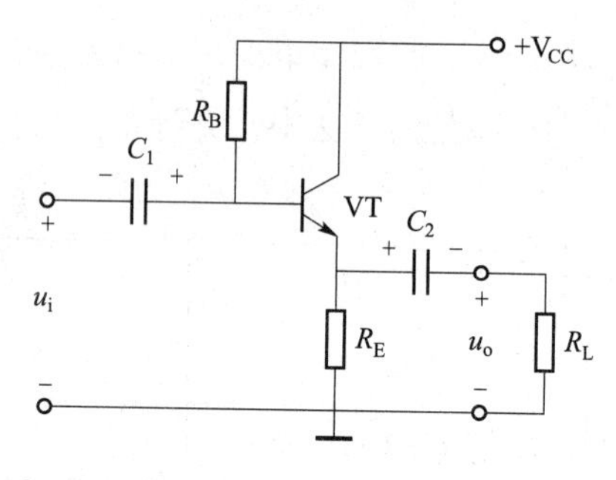

图 3-4-1 射极输出器的电路

估算输入、输出电阻的公式分别为

$$R_i=\frac{U_i}{U_S-U_i} /\!/ R_S \quad (3\text{-}4\text{-}4)$$

$$R_o=\frac{U_{oS}-U_o}{U_o}R_L \quad (3\text{-}4\text{-}5)$$

【实验仪器与设备】

（1）模拟电子技术实验箱（1 台）。
（2）实验电路板（1 块）。
（3）双踪示波器（1 台）。
（4）低频信号发生器（1 台）。
（5）交流电压表（1 块）。

【预习要求】

（1）预习射极输出器的工作原理。
（2）预习射极输出器电路的组成。
（3）熟悉实验电路各元件的作用及实验内容和步骤。

【实验内容与步骤】

射极输出器的实验电路板如图 3-4-2 所示。

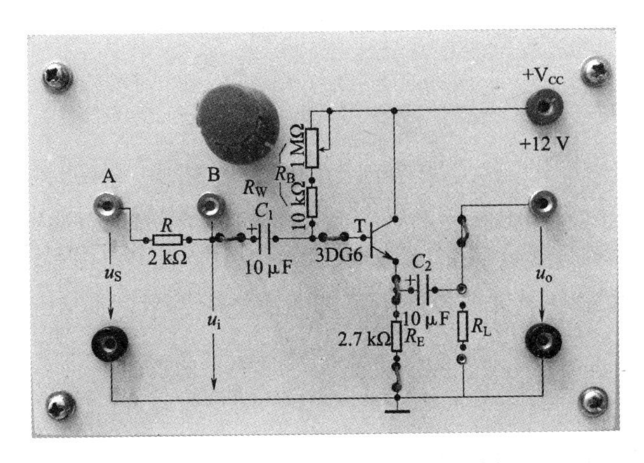

图 3-4-2　射极输出器的实验电路板

1. 电路连接

（1）按实验电路图连接电路。

（2）调整直流稳压电源为 12 V，接入电路。

（3）调节信号发生器，频率为 1 000 Hz、幅值为 1.5 V 的正弦波信号，接入放大电路输入端。

（4）调节双踪示波器，CH1 接入放大电路的输入端，CH2 接入放大电路的输出端，分别观察输入、输出信号的波形。

2. 测量电压放大倍数

（1）将放大电路输出端空载，即断开 R_L，接入输入信号，调节 R_W 使输出信号不失真，用交流电压表测量 U_o 与 U_i，将数据填入表 3-4-1。

（2）将放大电路输出端接 R_L=2 kΩ 负载，接入输入信号，用交流电压表测量 U_o 与 U_i，将数据填入表 3-4-1 中。

表 3-4-1　射极输出器的电压放大倍数测量数据

测试条件	U_i/mV	U_o/V	A_u
$R_L=+\infty$			
R_L=2 kΩ			

3. 观察输入电压与输出电压的相位关系

用双踪示波器观察输入电压与输出电压的相位关系，并将波形画在图 3-4-3 中。

4. 测量并估算电路的输入电阻、输出电阻

（1）测量并估算输入电阻 R_i。放大电路的输入电阻等效电路如图 3-4-4 所示。

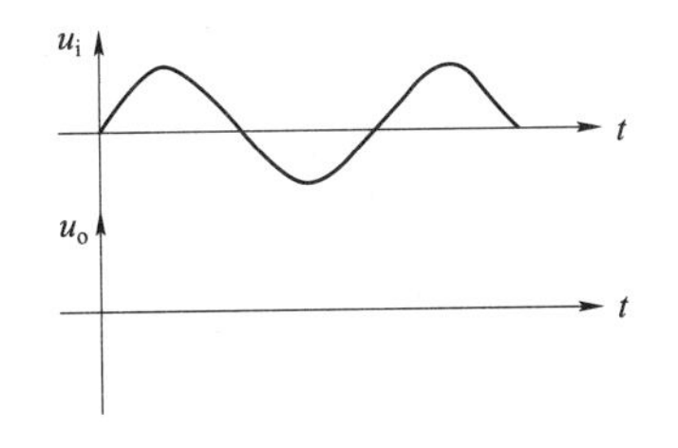

图 3-4-3　输入电压与输出电压的相位关系

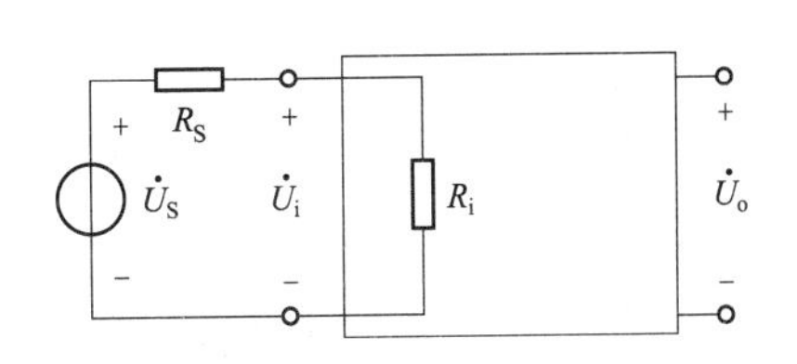

图 3-4-4　输入电阻等效电路

由图 3-4-4 可得

$$U_i=\frac{R_i}{R_S+R_i}U_S;\ R_i=\frac{U_i}{U_S-U_i}R_S \tag{3-4-6}$$

说明：只要测量出信号源电压 U_S 和输入电压 U_i，带入式（3-4-6）即可计算出输入电阻。

测量方法：将放大电路输出端接负载，用交流电压表测量信号源电压 U_S 和输入电压 U_i，填入表 3-4-2 中。按估算公式计算 R_i，填入表 3-4-2 中。

（2）测量并估算输出电阻 R_o。放大电路的输出电阻等效电路如图 3-4-5 所示。

由图 3-4-5 可得

$$U_o=\frac{R_L}{R_o+R_L}U_{oS},\ R_o=\frac{U_{oS}-U_o}{U_o}R_L \tag{3-4-7}$$

说明：U_{oS} 为放大电路输出端空载时的输出电压，U_o 为放大电路输出端接负载 R_L 时的输出电压。测量出 U_{oS} 和 U_o，带入式（3-4-7）即可计算输出电阻。

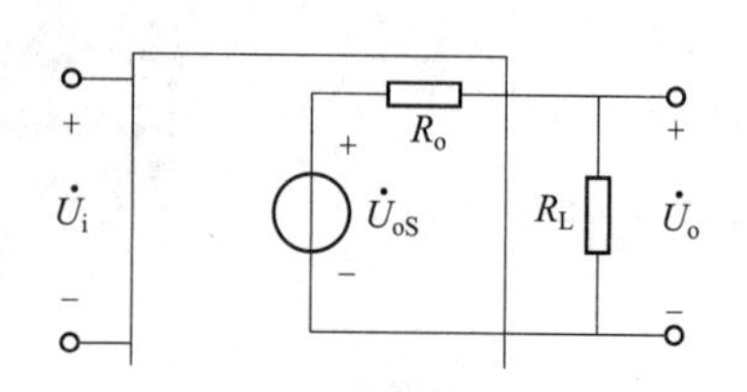

图 3-4-5　放大电路的输出电阻等效电路

测量方法：将放大电路输出端空载，用交流电压表测量输出电压（即为 U_{oS}），并填入表 3-4-2 中；将放大电路输出端接负载，再测量输出电压 U_o，并填入表 3-4-2 中。按估算公式计算 R_o，并填入表 3-4-2 中。

表 3-4-2　输入、输出电阻测量数据

测试条件 /kΩ	U_S/mV	U_i/mV	R_i/kΩ
R_S=			
测试条件	U_{oS}/mV	U_o/mV	R_o/kΩ
R_L=			

【实验注意事项】

（1）电路连接方式。

（2）仪器的使用。

（3）观察输出与输入的相位关系。

【问题讨论】

（1）空载和有载时输出波形是否有变化？为什么？

（2）总结射极输出器的特点。

【实验报告】

（1）整理实验数据，计算电压放大倍数 A_u。

（2）画出输出电压与输入电压相位关系的波形图。

（3）回答【问题讨论】中的内容。

3.5　负反馈放大电路的分析与测试

【实验目的】

（1）测试引入负反馈对放大倍数的影响。

（2）测试引入负反馈对改善放大电路波形失真的影响。

（3）学习负反馈放大电路主要性能指标的测试方法。

【实验原理】

负反馈在电子电路中有着非常广泛的应用，虽然它使放大器的放大倍数降低，但能在多方面改善放大器的动态指标，如稳定放大倍数、改变输入电阻和输出电阻、减小非线性失真和展宽通频带等。因此，几乎所有的实用放大器都带有负反馈。

在实际工作中，为了提高放大电路的稳定性，通常都要适当地引入反馈。反馈就是以某种方式将输出信号部分或全部引回输入端。引入反馈后，若使净输入信号减小了，则是负反馈；反之为正反馈。

负反馈电路的组态有电压串联负反馈、电压并联负反馈、电流串联负反馈、电流并联负反馈。本实验以电压串联负反馈为例，分析负反馈对放大器各项性能指标的影响。

（1）电压负反馈可以稳定输出电压，减小输出电阻。

（2）电流负反馈可以稳定输出电流，增大输出电阻。

（3）串联负反馈可以增大输入电阻。

（4）并联负反馈可以减小输入电阻。

两级放大负反馈的电路如图 3-5-1 所示。

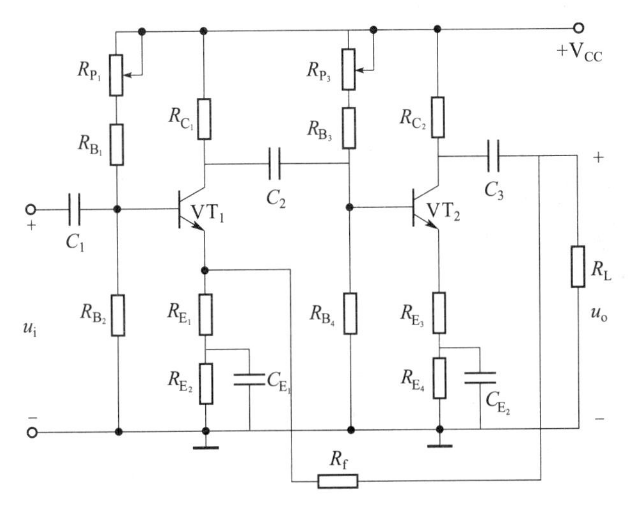

图 3-5-1　两级放大负反馈的电路

图 3–5–1 为带有负反馈的两级阻容耦合放大电路，在电路中通过 R_f 把输出电压 u_o 引回输入端，加在晶体管 T_1 的发射极上，在发射极电阻 R_f 上形成反馈电压 u_f。根据反馈的判断方法可知，它属于电压串联负反馈。

主要性能指标如下：

（1）闭环电压放大倍数

$$A_{V_f}=\frac{A_V}{1+A_VF_V} \tag{3-5-1}$$

式中，$A_V=U_o/U_i$，为基本放大器（无反馈）的电压放大倍数，即开环电压放大倍数；F_V 为反馈系数；$1+A_VF_V$ 为反馈深度，它的大小决定了负反馈对放大器性能改善的程度。

（2）反馈系数

$$F_V=\frac{R_f}{R_f+R_f} \tag{3-5-2}$$

（3）输入电阻

$$R_{if}=(1+A_VF_V)R_i \tag{3-5-3}$$

式中，R_i 为基本放大器的输入电阻。

（4）输出电阻

$$R_{of}=\frac{R_o}{1+A_{Vo}F_V} \tag{3-5-4}$$

式中，R_o 为基本放大器的输出电阻；A_{Vo} 为基本放大器 $R_L=+\infty$ 时的电压放大倍数。

【实验仪器与设备】

（1）模拟电子技术实验箱（1 台）。

（2）实验电路板（1 块）。

（3）双踪示波器（1 台）。

（4）低频信号发生器（1 台）。

（5）交流电压表（1 块）。

【预习要求】

（1）预习教材中有关负反馈放大器的内容。

（2）预习如何估算放大器的静态工作点。

（3）熟悉实验电路各元件的作用及实验内容和步骤。

（4）预习报告的填写。

【实验内容与步骤】

两级放大负反馈电路的实验电路板如图 3–5–2 所示。

1. 按实验电路板连接电路

将 19– V_{CC}、12–15、6–8、7–9、13–16、u_i–3、20–21、20– 示波器相连接。

（1）调整直流稳压电源为 12 V，接入电路 V_{CC}。

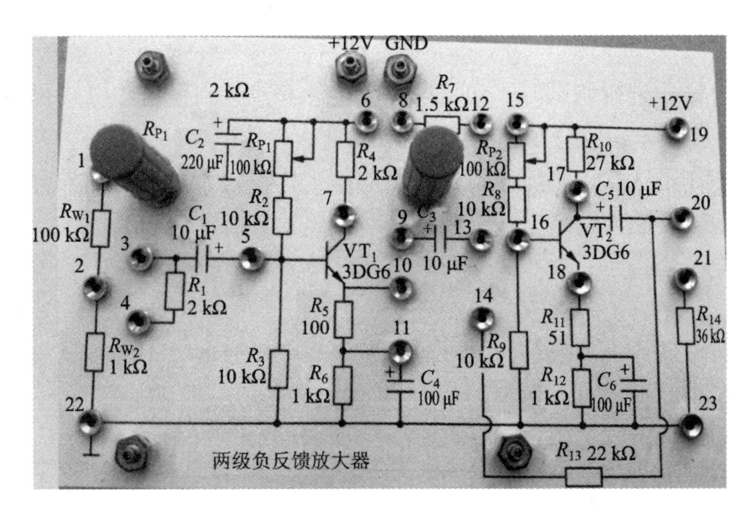

图 3-5-2　两级负反馈放大电路的实验电路板

（2）调节信号发生器，输出频率为 1 000 Hz、有效值为 1~5 mV 的正弦波信号，并接入放大电路输入端 3。

（3）将示波器接入放大电路输出端 20，观察输出信号。

2. 负反馈放大电路开环与闭环放大倍数的测试

（1）先不接 10–14，不接入 R_f，在开环状态下调整 R_{P_1}、R_{P_2}，使电路处于合适的静态工作点，输出波形最大不失真，测量 U_o 与 U_i，并将测量数据填入表 3-5-1 中。

表 3-5-1　两级负反馈放大电路的电压放大倍数测量数据

测试条件	U_o/V	U_i/mV	A_u 或 A_{uf}
开环			
闭环			

（2）连接 10–14，接入反馈 R_f，再测量 U_o 与 U_i，将数据填入表 3-5-1 中。

注意：应在电路的静态工作点不变的情况下测量。

3. 负反馈改善输出波形的失真

（1）断开 R_f，逐渐增大 U_i，使输出波形出现失真。

（2）接入 R_f，观察输出波形的变化及输出波形的失真是否得到改善。

（3）将接入 R_f 前后的输出波形画在图 3-5-3 中。

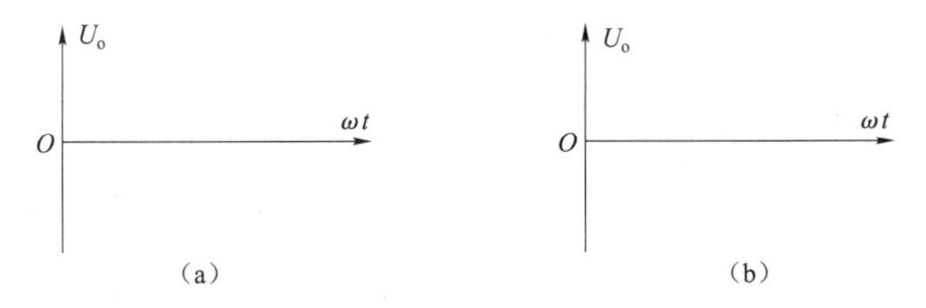

图 3-5-3　引入负反馈前后的输出波形

（a）引入负反馈前的输出波形；（b）引入负反馈后的输出波形

【实验注意事项】

（1）电路组装好后进行调试时，如发现输出电压有高频自激现象，则可在三极管的基极和集电极之间加一个 200 pF 左右的电容。

（2）若电路工作不正常，则应先检查各级静态工作点是否合适；如果合适，则将交流输入信号一级一级地送到放大电路中，逐级检查。

【问题讨论】

（1）怎样把负反馈放大器改接成基本放大器？为什么要把 R_f 接在输入和输出端？

（2）若输入信号存在失真，能否用负反馈来改善？

（3）分析本实验电路的反馈类型。

【实验报告】

（1）整理实验数据。

（2）计算电路开环与闭环的电压放大倍数。

（3）画出加入负反馈对输出波形失真改善的波形。

（4）回答【问题讨论】中的内容。

3.6 OTL 功率放大器的测试

【实验目的】

（1）进一步理解 OTL 功率放大器的工作原理。

（2）学会 OTL 电路的调试及主要性能指标的测试方法。

【实验原理】

图 3-6-1 所示为 OTL 低频功率放大电路。其中 VT_1 为推动级（也称前置放大级），VT_2、VT_3 是一对参数对称的 NPN 型和 PNP 型晶体三极管，它们组成互补推挽 OTL 功放电路。由于每一个管子都接成射极输出器的形式，因此具有输出电阻低、负载能力强等优点，适用于功率输出级。VT_1 工作于甲状态，它的集电极电流 I_{C_1} 由电位器 R_{P_1} 进行调节。I_{C_1} 的一部分流经电位器 R_{P_2} 及二极管 VD，给 VT_2、VT_3 提供偏压。静态时要求输出端中点 A 的电位 $V_A=V_{CC}/2$，可以通过调节 R_{P_1} 来实现，由于 R_{P_1} 的一端接在 A 点，因此在电路中引入交、直流电压并联负反馈，一方面能够稳定放大器的静态工作点，同时也改善了非线性失真。

当输入正弦交流信号 u_i 时，经 VT_1 放大、倒相后同时作用于 VT_2、VT_3 的基极，u_i 的负半周使 VT_2 导通（VT_3 截止），有电流通过负载 R_L，同时向电容器 C_o 充电，在 u_i 的正半周，VT_3 导通（VT_2 截止），则已充好电的电容器 C_o 起着电源的作用，通过负载 R_L 放电，这样在 R_L 上就得到完整的正弦波。

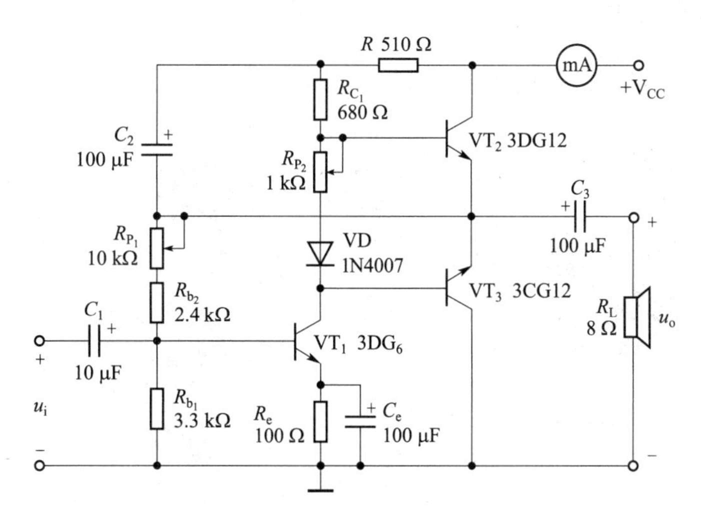

图 3–6–1　OTL 低频功率放大电路

C_2 和 R 构成自举电路，用于提高输出电压正半周的幅度，以得到大的动态范围。

OTL 电路的主要性能指标如下：

1. 最大不失真输出功率 P_{om}

理想情况下，$P_{om}=\frac{1}{8}\frac{V_{CC}^2}{R_L}$，在实验中可通过测量 R_L 两端的电压有效值 U_o 来求得实际的 P_{om}，即

$$P_{om}=\frac{U_o^2}{R_L} \tag{3-6-1}$$

2. 效率

$$\eta=\frac{P_{om}}{P_V}\times 100\% \tag{3-6-2}$$

式中，P_V 为直流电源供给的平均功率。

理想情况下，η_{max}=78.5%。在实验中，可测量电源供给的平均电流 I_c，从而求得 $P_V=V_{CC}\cdot I_c$，负载上的交流功率已用上述方法求出，因而也就可以计算出实际效率。

【实验仪器与设备】

（1）模拟电子技术实验箱（1 台）。

（2）实验电路板（1 块）。

（3）双踪示波器（1 台）。

（4）低频信号发生器（1 台）。

（5）交流电压表（1 块）。

【预习要求】

（1）预习有关 OTL 工作原理的内容。

（2）预习 OTL 功率放大电路实验电路板的内容与步骤。

【实验内容与步骤】

OTL 功率放大电路的实验电路板如图 3–6–2 所示。

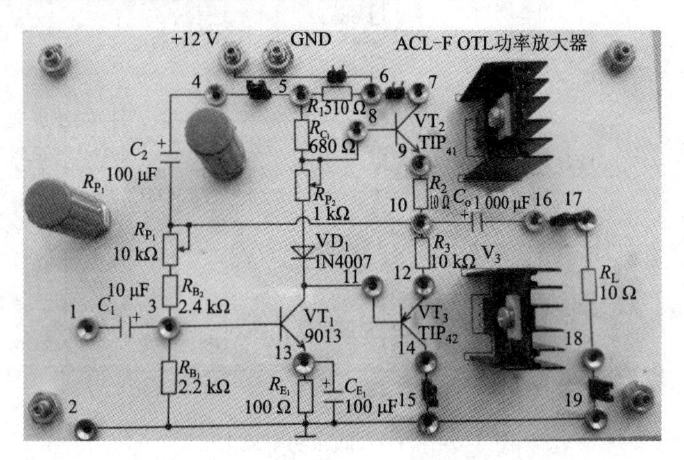

图 3–6–2　OTL 功率放大电路的实验电路板

1. 静态工作点的测试

按图 3–6–2 连接实验电路，把所有的短路塞都接上，R_{P_2} 置中间位置。接通 +12 V 电源，观察交流电压表的指示，同时用手触摸输出级管子，若电流过大或管子温升显著，则应立即断开电源，检查原因（电路自激或输出管性能不好等）。如无异常现象，则可开始调试。

（1）调节输出端中点电位 U_A。调节电位器 R_{P_1}，用数字直流电压表测量 A 点的电位，使 U_A=0.5V$_{CC}$。

（2）调整输出级静态电流及测试各级静态工作点，使输入 VT$_2$、VT$_3$ 的 I_{C_2}=I_{C_3}=5~10 mA。电流过大，会使效率降低，所以一般以 5~10 mA 为宜。由于交流电压表是串在电源进线中，因此测得的是整个放大器的电流。但一般 VT$_1$ 的集电极电流 I_{C_1} 较小，从而可以把测得的总电流近似当作末级的静态电流，则可从总电流中减去 I_{C_1} 的值。

输出级电流调好以后，测量各级静态工作点，填入表 3–6–1 中。

表 3–6–1　静态工作点的测量数据

三极管	VT$_1$	VT$_2$	VT$_3$
U_B/V			
U_C/V			
U_E/V			
I_c/mA			

2. 最大输出功率 P_{om} 和效率 η 的测试

1）测量 P_{om}

输入端接 f=1 kHz 的正弦信号 u_i，输出端用示波器观察输出电压 u_o 的波形。逐渐增大 u_i，使输出电压达到最大不失真输出，用交流电压表测量负载 R_L 上电压的有效值 U_o，以及输入电压的有效值 U_i，并计算 P_{om}，将数据填入表 3–6–2 中。

表 3-6-2　测量 OTL 功率放大电路的参数数据

测试条件 R_L=8 Ω	U_o/V	U_i/mV	V_{CC}/V	I_V/mA
测量值				
参数值	P_{om}/mW	P_V/mW	η	A_u
计算值				

2）测量效率 η

当输出电压为最大不失真输出时，读出数字直流电流表中的电流值，此电流即为直流电源供给的平均电流 I_c（有一定误差），由此可近似求得 $P_V=V_{CC}I_c$，再根据上面测得的 P_{om}，则可求出

$$\eta=\frac{P_{om}}{P_V}\times 100\%$$

将测量数据与计算数据填入表 3-6-2 中。

【实验注意事项】

（1）在整个测试过程中，电路不应有自激振荡。

（2）电路连接中，注意短路塞的连接。

【问题讨论】

（1）交越失真产生的原因是什么？怎样克服交越失真？

（2）为了不损坏输出管，调试中应注意什么问题？

【实验报告】

（1）整理实验数据，计算静态工作点、最大不失真输出功率 P_{om} 和效率 η 等，并与理论值进行比较。

（2）回答【问题讨论】中的内容。

3.7　集成电路的设计与调试

【实验目的】

（1）熟练掌握基本运算电路的性质、特点、应用和设计方法。

（2）会利用集成运算放大器设计及测试反相比例、同相比例、差分比例、反相加法运算电路。

（3）正确理解运算电路中各元件参数之间的关系和“虚短”“虚断”“虚地”的概念。

【实验任务】

（1）利用反相比例运算电路设计，使得

$$U_o=-5U_i$$

（2）利用同相比例运算电路设计，使得

$$U_o=6U_i$$

（3）利用差分比例运算电路设计，使得

$$U_o=U_{i1}-U_{i2}$$

（4）利用反相求和运算电路设计，使得

$$U_o=-（5U_{i1}+2U_{i2}）$$

反相比例运算电路如图 3–7–1 所示，运算关系为

$$U_o=-\frac{R_f}{R_1}U_i$$

同相比例运算电路如图 3–7–2 所示，运算关系为

$$U_o=\left(1+\frac{R_f}{R_1}\right)U_i$$

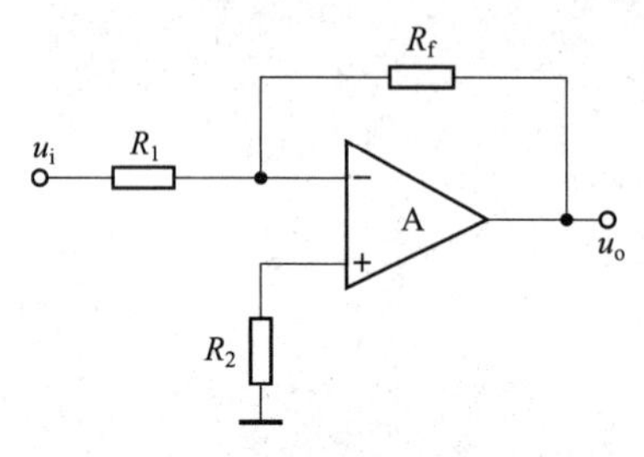

图 3–7–1　反相比例运算电路

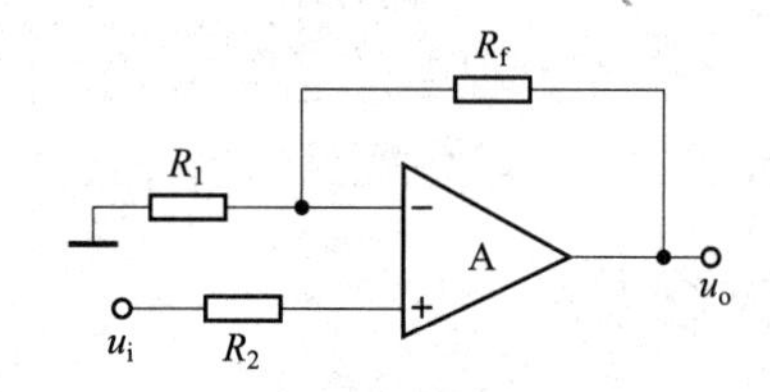

图 3–7–2　同相比例运算电路

差分比例运算电路如图 3–7–3 所示，在 $R_1=R_2=R_3=R_f$ 的情况下，运算关系为

$$U_o=U_{i1}-U_{i2}$$

反相求和运算电路如图 3–7–4 所示，运算关系为

$$U_o=-\left(\frac{R_f}{R_1}U_{i1}+\frac{R_f}{R_2}U_{i2}\right)$$

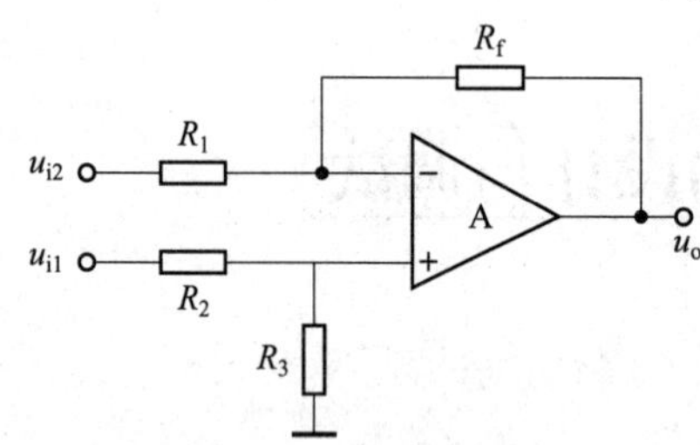

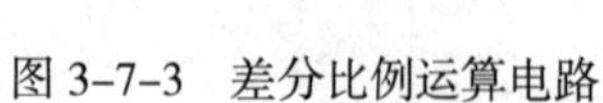

图 3–7–3　差分比例运算电路

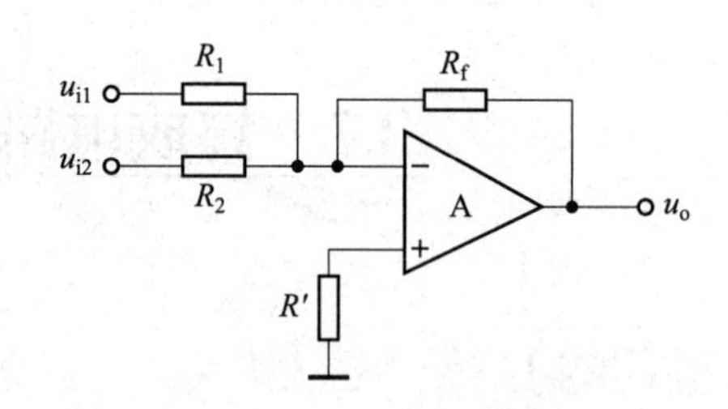

图 3–7–4　反相求和运算电路

【实验仪器与设备】

（1）模拟电子技术实验箱（1 台）。

（2）实验电路板（1 块）。

（3）数字万用表（1 台）。

（4）直流信号源（1 台）。

【预习要求】

（1）预习有关运算电路的内容。

（2）按设计要求设计出运算电路。

【实验内容与步骤】

运算电路的实验电路板如图 3–7–5 所示。

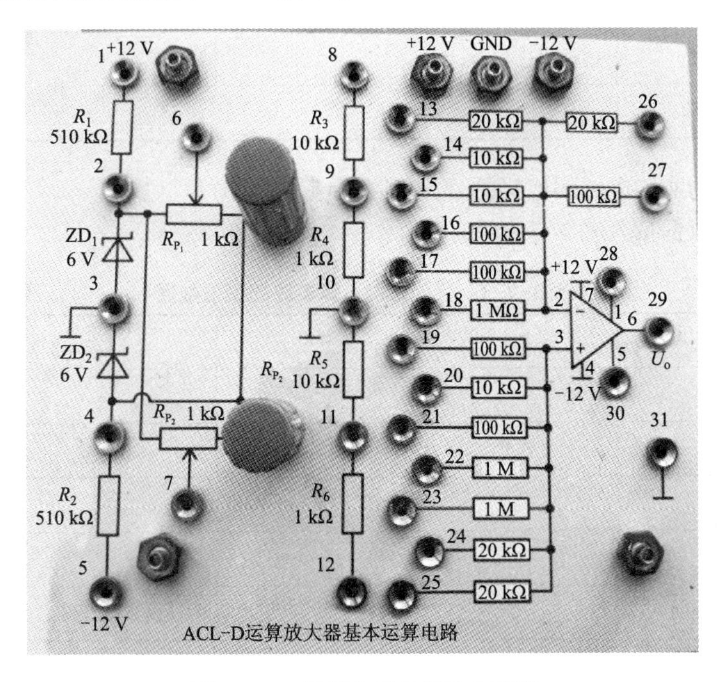

图 3–7–5 运算电路的实验电路板

1. 设计实验电路

（1）根据设计要求设计各实验电路图。

（2）依据图 3–7–5 运算电路的实验电路板上的元件数据计算并选择电路中元件的数值。

2. 设计电路的测试

（1）按设计的实验电路图连接反相比例运算电路。

注意：集成运算放大电路使用电源为 ±12 V，不要接反。

（2）将测量数据填入表 3–7–1 中。

表 3–7–1 反相比例运算电路的测量数据

U_i 预设值 /V	0.1	1.5	−0.5	−1.8
U_i 测量值 /V				
U_o/V				
比例系数 U_o/U_i				
比例系数平均值				

（3）按设计的实验电路图连接同相比例运算电路。

（4）将测量数据填入表 3–7–2 中。

表 3–7–2　同相比例运算电路的测量数据

U_i 预设值 /V	0.3	1.2	–0.1	–0.8
U_i 测量值 /V				
U_o/V				
比例系数 U_o/U_i				
比例系数平均值				

（5）按设计的实验电路图连接差分比例运算电路。

（6）将测量数据填入表 3–7–3 中。

表 3–7–3　差分比例运算电路的测量数据　　V

U_{i1} 预设值	2.0	0.8	–1	–0.4
U_{i1} 测量值				
U_{i2} 预设值	0.5	–3.2	0.4	–1.2
U_{i2} 测量值				
U_o 测量值				
U_o 计算值				

（7）按设计的实验电路图连接反相求和运算电路。

（8）将测量数据填入表 3–7–4 中。

表 3–7–4　反相求和运算电路的测量数据　　V

U_{i1} 预设值	0.1	0.5	–1	–0.4
U_{i1} 测量值				
U_{i2} 预设值	0.5	–0.2	0.4	–0.2
U_{i2} 测量值				
U_o 测量值				
U_o 计算值				

【实验注意事项】

（1）集成运算放大电路使用电源为 ±12 V，不要接反。切忌正、负电源极性接反和输出端短路，否则将会损坏集成块。

（2）实验前按设计要求选择运算放大器、电阻等元件的参数，看清运放组件各管脚的位置。

【问题讨论】

（1）在同相和反相比例运算电路中为什么要求 $R_2=R_1 // R_f$？

（2）在反相加法器中，实现 $U_o=-(5U_{i1}+2U_{i2})$，如 U_{i1} 和 U_{i2} 均采用直流信号，并选定 $U_{i2}=-1\ \text{V}$，当考虑到运算放大的最大输出幅度（±12 V）时，$|U_{i1}|$ 的大小不应超过多少？

【实验报告】

（1）整理实验数据。

（2）分析验证测量数据，说明设计方案是否正确。如不正确，则请分析设计错误，并将设计方案改正；如设计方案基本正确，但有误差，则请分析产生误差的原因。

（3）回答【问题讨论】中的内容。

3.8　*RC* 正弦波振荡电路的测试

【实验目的】

（1）掌握用集成运放组成 *RC* 正弦波振荡电路的电路结构和工作原理。

（2）熟悉 *RC* 正弦波振荡电路的调试方法。

（3）掌握振荡频率的测量方法。

【实验原理】

桥式 *RC* 正弦波振荡电路的原理电路如图 3-8-1 所示，其由集成运放组成的同相放大电路和 *RC* 串并联网络组成。

要使振荡电路振荡，必须满足振荡条件：$A_f=1$，即满足正反馈。

电路起振的条件是同相放大电路的放大倍数 $A>3$，即 $A=1+\dfrac{R_f}{R'}\geqslant 3$，$R_f>2R'$。

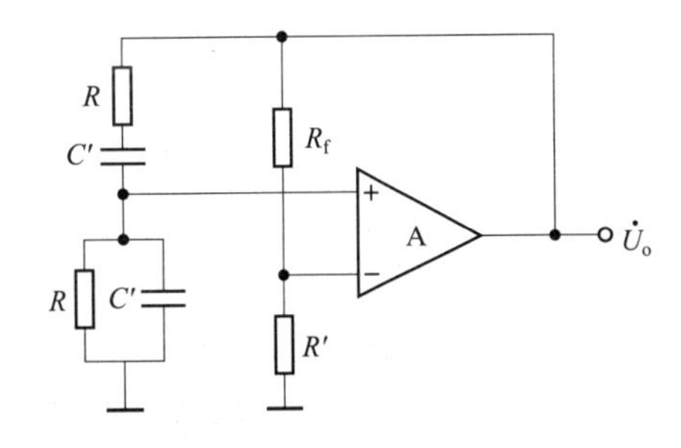

图 3-8-1　*RC* 正弦波振荡电路的原理电路

桥式 *RC* 正弦波振荡电路的振荡频率为 $f_0=\dfrac{1}{2\pi RC}$。

利用示波器测量振荡频率的方法为：选择测量频率功能，读取振荡波形的频率值。

【实验仪器与设备】

（1）模拟电子技术实验箱（1 台）。

（2）实验电路板（1 块）。

（3）双踪示波器（1 台）。

（4）交流电压表（1 块）。

【预习要求】

（1）预习有关 *RC* 振荡电路的内容。

（2）熟悉实验电路各元件的作用及实验内容和步骤。

【实验内容与步骤】

RC 正弦波振荡电路的实验电路板如图 3-8-2 所示。元件参数：R_1=10 kΩ，R_P=22 kΩ，R_2=R_5=33 kΩ，R_3=R_6=100 kΩ，R_4=10 kΩ，C_1=C_3=0.01 μF，C_2=C_4=0.1 μF。

1. 电路连接

（1）按图 3-8-2 所示的正弦波振荡电路的实验电路板连接电路。

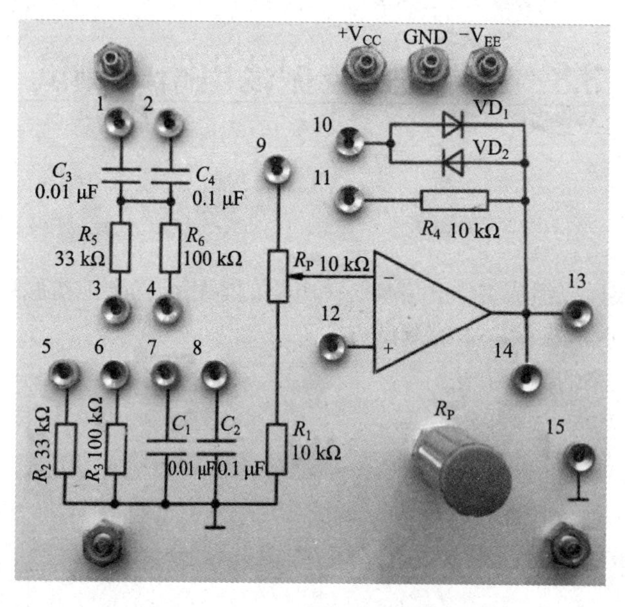

图 3-8-2　正弦波振荡电路的实验电路板

（2）调整直流稳压电源为 ±12 V，并正确接入电路。

（3）调节示波器，接入振荡电路的输出端，观察输出波形。

2. 测量振荡电路起振的条件

将 R_P 的数值从零开始逐渐加大，调节到振荡电路刚好起振。$R_f=R_{P_1}+R_4$，$R'=R_{P_2}+R_1$。断开电源，测量 R_f 与 R' 的阻值，填入表 3-8-1 中。

表 3-8-1　起振条件的测量数据

R_f/kΩ	R'/kΩ	是否满足起振条件

3. 振荡频率的测量

（1）按表 3-8-2 中的元件参数连接电路，调节 R_P 使电路刚好起振。

例如：接线 9-10-11、2-13（14）、4-6-8-12 和 13- 示波器，元件选择 R=100 kΩ、C=0.1 μF，测量频率值。

（2）用示波器测量振荡频率，并将数据填入表 3-8-2 中。

（3）计算振荡频率以及测量误差，并填入表 3-8-2 中。

表 3-8-2　振荡频率的测量数据

RC 参数	f_0 测量值 /Hz	f_0 计算值 /Hz	误差 /%
R=33 kΩ C=0.01 μF			
R=100 kΩ C=0.01 μF			
R=33 kΩ C=0.1 μF			
R=100 kΩ C=0.1 μF			

【实验注意事项】

（1）注意实验电路板电源的极性不要接反。

（2）注意起振条件和电阻、电容的选择。

【问题讨论】

为什么在 RC 正弦波振荡电路中要引入负反馈支路？为什么要增加二极管 VD_1 和 VD_2？它们是怎样稳幅的？

【实验报告】

（1）整理实验数据。

（2）由测量数据分析桥式 RC 振荡电路的起振条件。

（3）按电路板参数计算振荡频率，与测量值比较，分析产生误差的原因。

（4）回答【问题讨论】中的内容。

3.9　直流稳压电源的设计与调试

【实验目的】

（1）熟练掌握直流稳压电源的工作原理及三端稳压器的使用。

（2）学习直流电源的设计和各部分元件参数的计算及选择。

（3）掌握直流电源的组成、连接和调试方法。

【实验原理】

1. 桥式整流电路

输出直流电压：$U_o \approx 0.9U_2$。

整流二极管的参数：$I_D \approx 0.5I_o$；$U_{DRM} \approx 1.414U_2$。

2. 电容滤波电路

输出直流电压：$U_o \approx 1.2U_2$。

为取得良好的滤波效果，根据 $RC=(3\sim5)\dfrac{T}{2}$，计算滤波电容的值。

3. 三端集成稳压器

W7800 系列与 W7900 系列为输出固定电压的集成稳压器，W7800 系列输出正电压，W7900 系列输出负电压，引脚如图 3–9–1 所示。

W7800 系列集成稳压器的基本连接方法如图 3–9–2 所示。

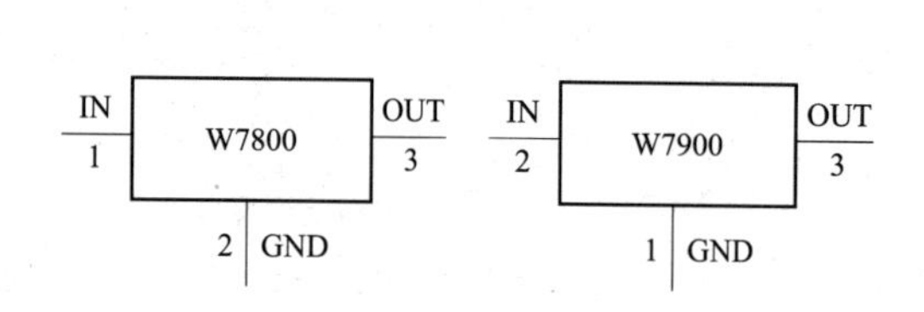

图 3–9–1　W7800 系列与 W7900 系列集成稳压器的引脚

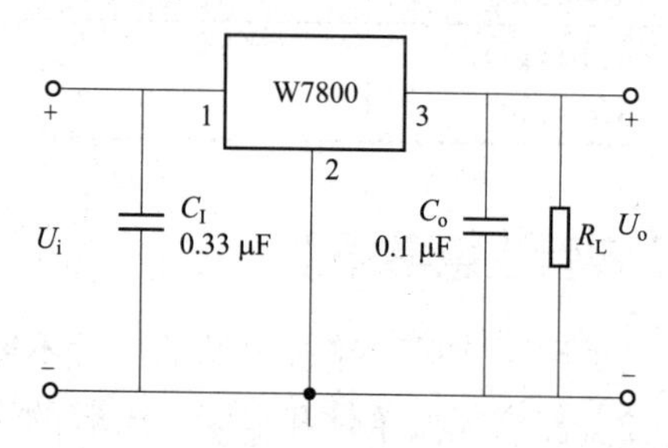

图 3–9–2　W7800 系列集成稳压器的基本连接方法

4. 集成稳压器的稳压电源

集成稳压器的稳压电源如图 3–9–3 所示。

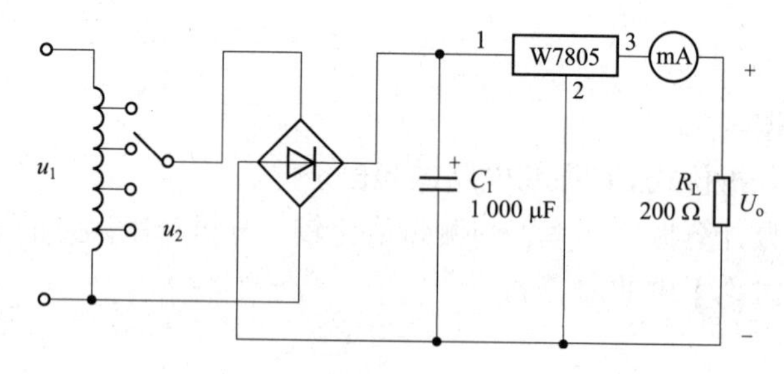

图 3–9–3　集成稳压器的稳压电源

【实验仪器与设备】

（1）模拟电子技术实验箱（1 台）。

（2）实验电路板（1 块）。

（3）万用表（1 台）。

（4）直流电压表（1 块）。

【预习要求】

（1）预习有关三端稳压器以及稳压器稳压电源的内容。

（2）预习实验电路板的有关元件及作用。

【实验内容与步骤】

1. 整流电路测试

按图 3-9-4 连接实验电路，接通 220 V 交流电源，使 U_2=9 V。测量变压器输出端电压 U_2，整流滤波输出直流电压 U_o，把测量数据填入表 3-9-1 中。

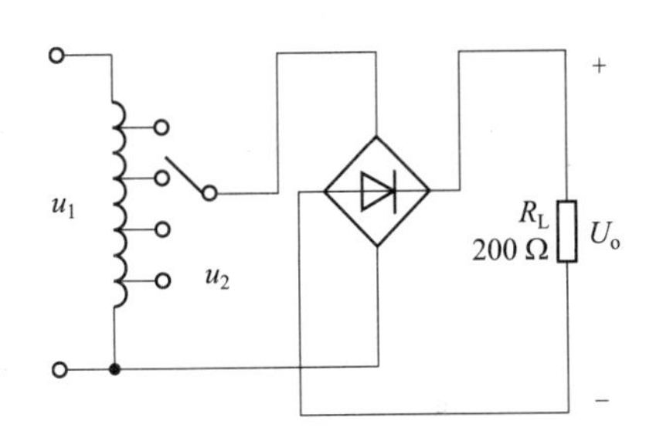

图 3-9-4　整流电路

表 3-9-1　整流电路测试数据　　V

U_2	U_o（负载空载）	U_o（带负载）

2. 整流滤波电路测试

（1）按图 3-9-5 连接实验电路，接通 220 V 交流电源，使 U_2=9 V。测量变压器输出端电压 U_2，整流滤波输出直流电压 U_o，把测量数据填入表 3-9-2 中。

（2）用示波器测量振荡频率，并将数据填入表 3-9-2 中。

（3）计算振荡频率以及测量误差，并填入表 3-9-2 中。

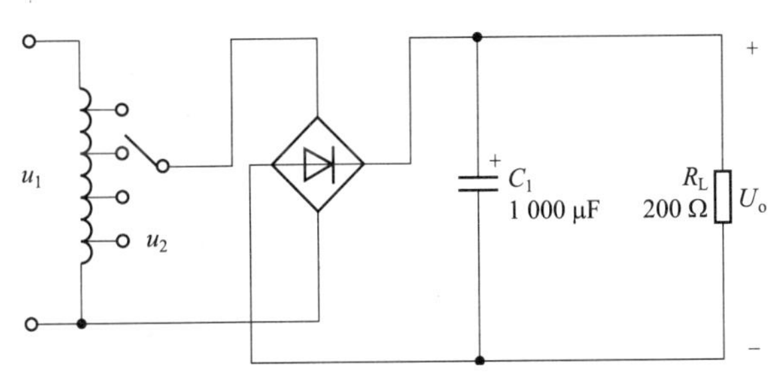

图 3-9-5　整流滤波电路

表 3-9-2　整流滤波电路测试数据　　V

U_2	U_o（负载空载）	U_o（带负载）

3. 集成稳压器的稳压电源测试

（1）按图 3-9-3 连接实验电路，取负载电阻 R_L=200 Ω。

（2）测试输出电压 U_o 和最大输出电流 I_{omax}。

在输出端接负载电阻 R_L=200 Ω，由于 W7805 系列输出电压 U_o=5 V，因此流过 R_L 的

电流为

$$I_{om}=\frac{U_o}{R_L}=\frac{5}{0.2}=25\ (\mathrm{mA})$$

测量 U_2、U_i、U_o 和 I_{om}，将测量数据填入表 3-9-3 中。

表 3-9-3　集成稳压器稳压电路的测量数据

U_2/V	U_i/V	U_o/V	I_{om}/mA

【实验注意事项】

（1）注意二极管的接法。

（2）注意电容的极性。

（3）注意稳压模块的输入端口和输出端口。

【问题讨论】

（1）当整流电路中某只二极管短路或者开路时会出现什么情况？

（2）为什么加入滤波电路后输出电压的平均值会上升？

（3）如何用三端稳压器获得 ±5 V 的输出电压？

（4）如何用三端稳压器获得输出可调节的电压？

【实验报告】

（1）整理实验数据。

（2）回答【问题讨论】中的内容。

第4章 典型电子电路实训

4.1 数字电子秒表的设计与制作

【实训目的】

（1）掌握555方波振荡器的应用方法。
（2）学会计数器的级联及计数、译码、显示电路的整体配合。
（3）建立分频的基本概念。
（4）学习电子秒表的调试方法。

【实训要求】

（1）能显示两位十进制数，其计数范围为0~99。
（2）该秒表具有清零、开始计时、停止计时的功能。
（3）除了以上功能，个人可根据具体情况进行电路的功能扩展。

【实训原理】

数字电子秒表的原理如图4–1–1所示。按功能分为4个单元电路：时钟发生器、计数与译码显示电路、清零电路和秒表启动与停表电路。

1. 时钟发生器

图4–1–2所示为用555定时器构成的多谐振荡器，该振荡器的作用是为计数器提供计数脉冲。多谐振荡器的振荡频率计算公式为

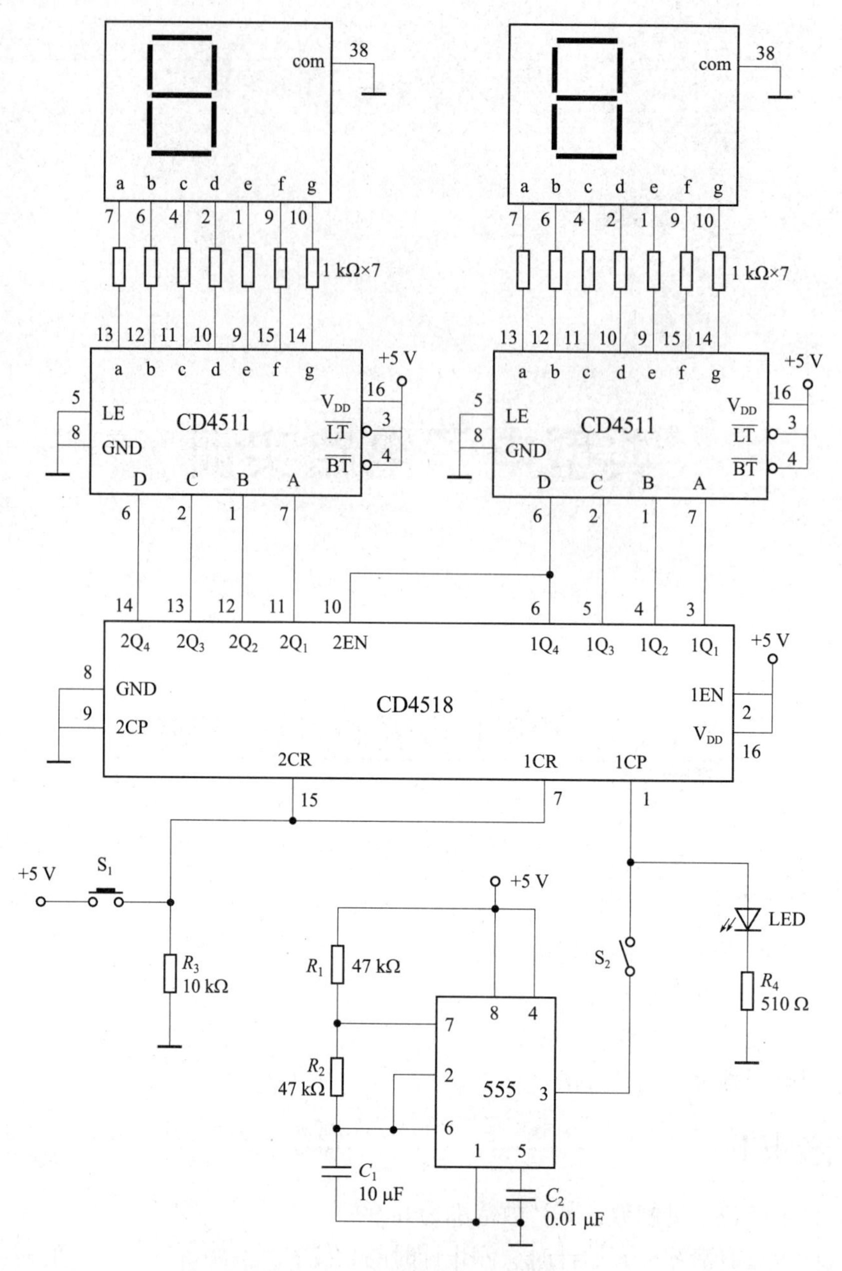

图 4–1–1　数字电子秒表的原理

$$f_0=\frac{1}{0.7\,(R_1+2R_2)\,C_1}$$

多谐振荡器的振荡频率设计为 1 Hz，即产生秒脉冲。其中 R_1、R_2 为 47 kΩ，C_1 为 10 μF。

$$f_0=\frac{1}{0.7\,(R_1+2R_2)\,C_1}=\frac{1}{0.7\,(47+2\times47)\times10^3\times10\times10^{-6}}\approx1\ (\text{Hz})$$

555 定时器的引脚如图 4–1–3 所示。

2. 计数与译码显示电路

图 4–1–4 所示为用十进制计数器 CD4518 和显示译码器 CD4511 构成的计数与译码显示电路。

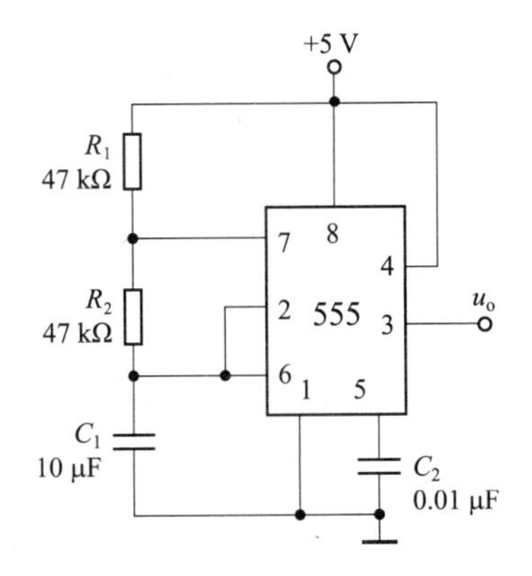

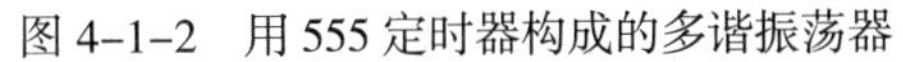

图 4-1-2　用 555 定时器构成的多谐振荡器

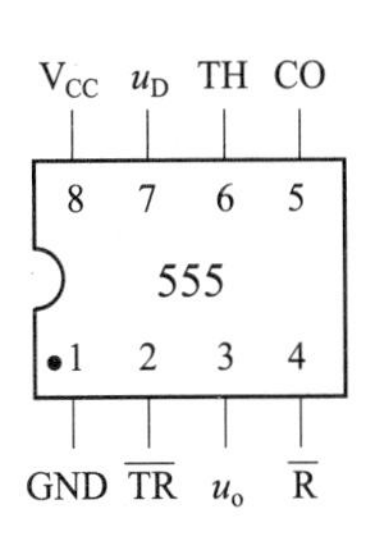

图 4-1-3　555 定时器的引脚

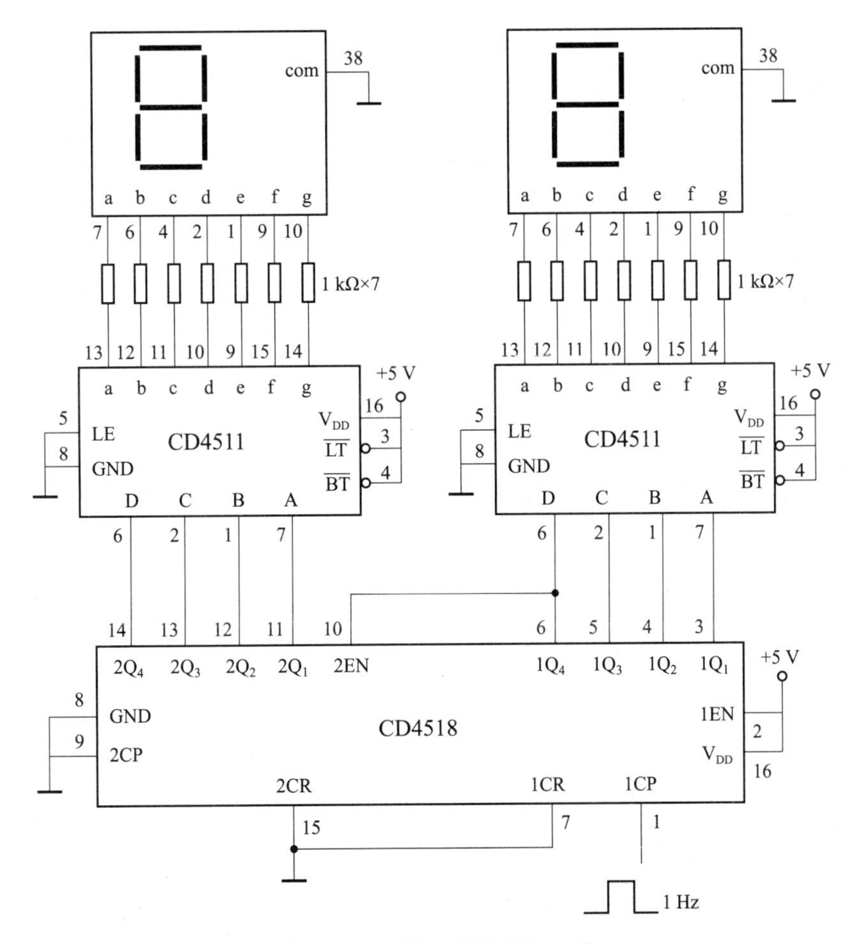

图 4-1-4　计数与译码显示电路

由 1 片计数器 CD4518 组成两位十进制计数器，计数器 CD4518 包含两个独立的十进制计数器 1 和 2，十进制计数器 1 为秒表的个位，十进制计数器 2 为秒表的十位，各级计数器之间的进位方式为个位计数器输出的最高位 $1Q_4$，为后级十位计数器的 2EN 端输送计数脉冲信号。当个位计数器的计数脉冲输入端 1CP 输入频率为 1 Hz 的计数脉冲时，计数器 CD4518 进行秒表的个位计时，计数满 10 后向计数器的十位进位，实现 1~99 s 的计时。

十进制计数 CD4518 的引脚如图 4-1-5 所示。LED 数码管的引脚如图 4-1-6 所示。

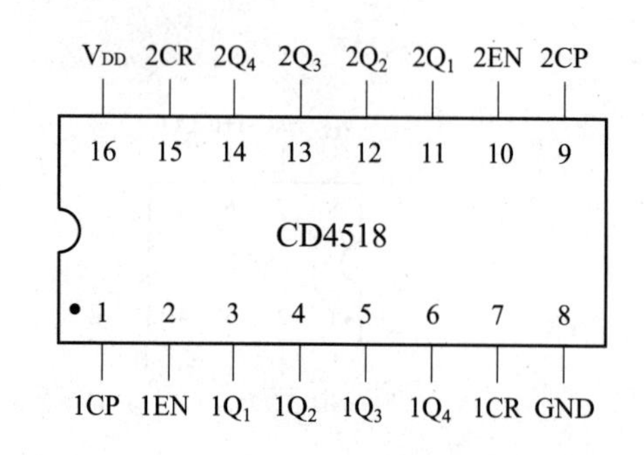

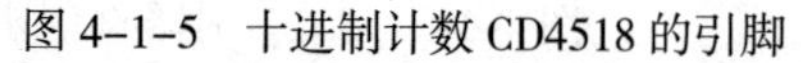

图 4-1-5 十进制计数 CD4518 的引脚

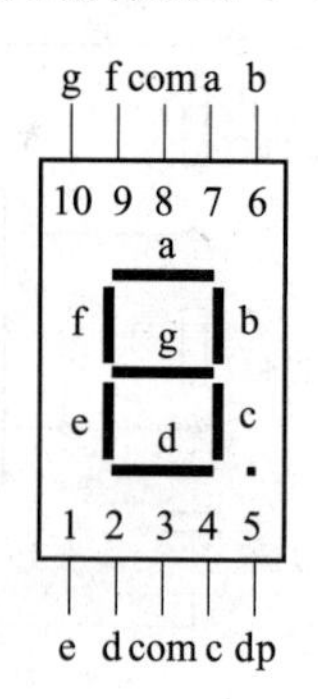

图 4-1-6 LED 数码管的引脚

CD4518 计时输出输送给显示译码器 CD4511，变换为驱动数码管显示的 7 位显示码，CD4511 的输出 abcdefg 与 LED 数码管连接，数码管实时显示出计时的时间。显示译码器 CD4511 的引脚如图 4-1-7 所示。

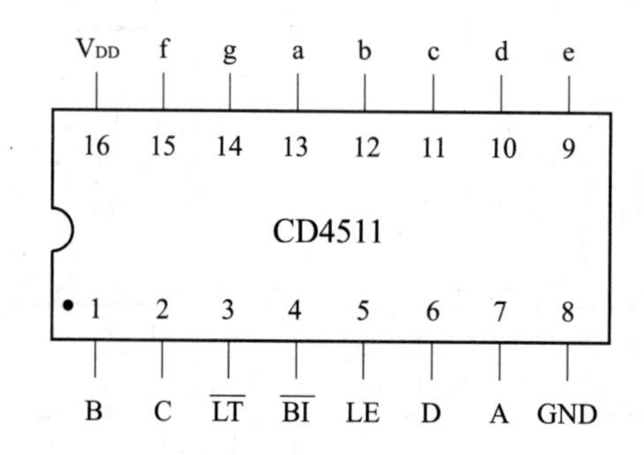

图 4-1-7 显示译码器 CD4511 的引脚

3. 清零电路

CD4518 的 CR 为异步清零端，当 CR=1 时立即使计数器清零。图 4-1-8 所示为最简单的清零电路，由电阻 R_3 和按键 S_1 组成。

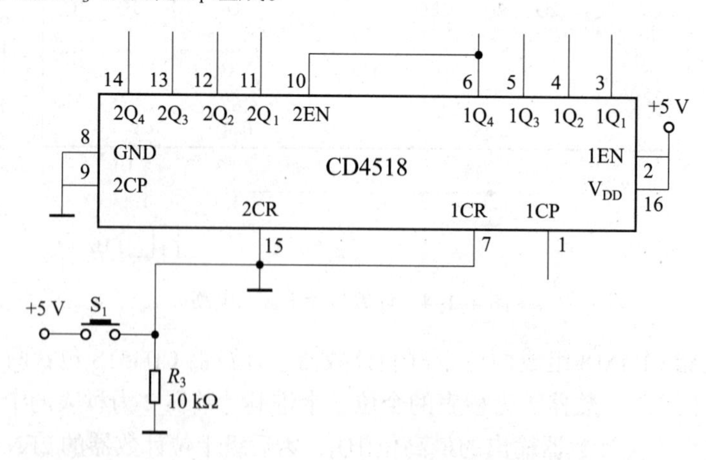

图 4-1-8 最简单的清零电路

其工作原理为：没有按下“清零”键时，计数器 CD4518 的异步清零端通过电阻 R_3 接地，CR=0，清零端无效；按下“清零”键时，CD4518 的异步清零端接电源 +5 V，CR=1，立即使计数器清零。

4. 秒表的启动与停表电路

图 4–1–9 所示为秒表的启动与停表电路。当按下按键 S_2 时，秒脉冲接入计数器 CD4518 的个位计数脉冲端 1CP，秒表开始计时；当按键 S_2 抬起时，阻断秒脉冲，秒表停止计数，开关 S_2 的通断起到启动秒表和停表的作用。电阻 R_4 和发光二极管 LED 为秒显示电路，LED 一亮一灭的时间刚好为 1 s。

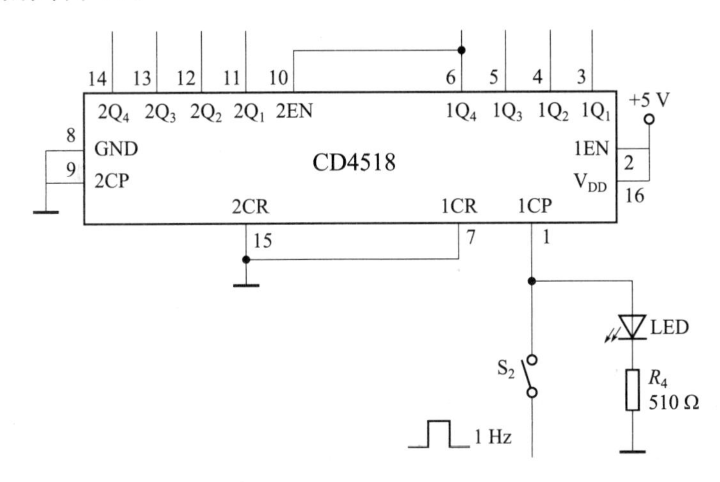

图 4–1–9　秒表的启动与停表电路

【安装与调试】

1. 清零电路的调试

按下按键 S_1，检查秒表是否清零。

2. 启动与停表电路的调试

按下按键 S_2，秒表开始计数，同时秒显示二极管开始闪亮，此时按键 S_2 自锁在接通状态；再次按下按键 S_2，秒表停表，按键自锁在断开状态。

3. 时钟发生器的调试

用示波器观察时钟发生器的输出是否输出方波信号，方波信号的频率为 1 Hz。

4. 计数器、译码显示单元的调试

首先检查各计数器与对应的显示译码器和数码管的工作情况，在各计数器 CP 端加入单脉冲，检查计数与显示是否正常；然后将各计数器连接起来，检查计数与显示是否正常。

5. 整体调试

将各单元电路连接完成后，首先按下按键 S_1，观察秒表的清零；然后按下按键 S_2，观察秒表是否启动计时；再次按下按键 S_2，观察秒表是否停表。

4.2 数字电子钟的设计与制作

【实训目的】

（1）学会应用时钟发生器、计数器、译码显示等单元电路。

（2）熟悉数字电子钟的安装与调试。

【实训要求】

（1）以数字形式显示时、分、秒。

（2）小时计时采用十二进制的计时方式，分、秒计时采用六十进制的计时方式。

（3）具有快速校准时、分的功能。

（4）计时误差小于或等于 10 s/d。

【实训原理】

数字电子钟的组成框图如图 4-2-1 所示。它由多谐振荡器、计数器、显示译码器、显示器和校时电路组成。多谐振荡器产生秒脉冲信号，秒脉冲信号被送入计数器计数，计数结果通过“时”“分”“秒”显示译码器译码，由显示器显示时间。

1. 多谐振荡器与分频电路

多谐振荡器与分频电路如图 4-2-2 所示。多谐振荡器与分频电路为计数器提供计数脉冲，为校时电路提供校时脉冲。

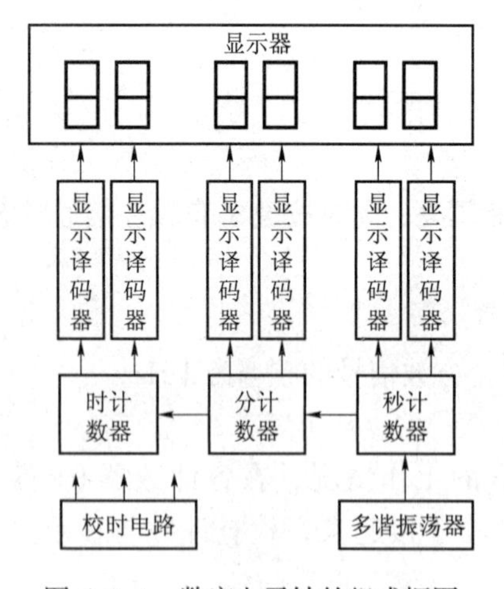

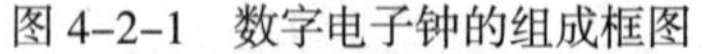
图 4-2-1 数字电子钟的组成框图

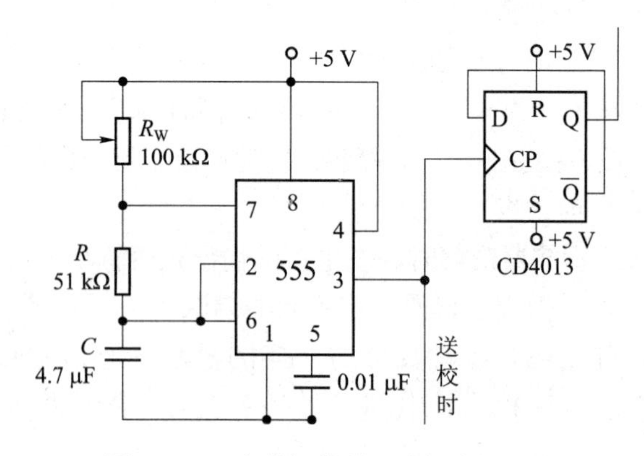

图 4-2-2 多谐振荡器电路与分频电路

多谐振荡器的振荡频率为 2 Hz、R 为 51 kΩ、R_W 约为 50 kΩ、C 为 4.7 μF。

$$f_0=\frac{1}{0.7(R_W+2R)C}=\frac{1}{0.7(50+2\times51)\times10^3\times4.7\times10^{-6}}\approx2\ (\mathrm{Hz})$$

多谐振荡器产生的 2 Hz 脉冲信号为校时电路的校时脉冲。2 Hz 脉冲信号经过 CD4013

组成的分频器进行 2 分频，输出 1 Hz 的秒脉冲为计数器的计数脉冲。

2. 计数、译码显示电路

计数器由秒计数器、分计数器和时计数器串联组成。秒计数器和分计数器为六十进制计数器，由一个十进制计数器和一个六进制计数器串联组成；时计数器为二十四进制计数器，由两个十进制计数器串联并利用反馈接成二十四进制计数器。

555 定时器的引脚见图 4–1–3；D 触发器 CD4013 的引脚如图 4–2–3 所示。

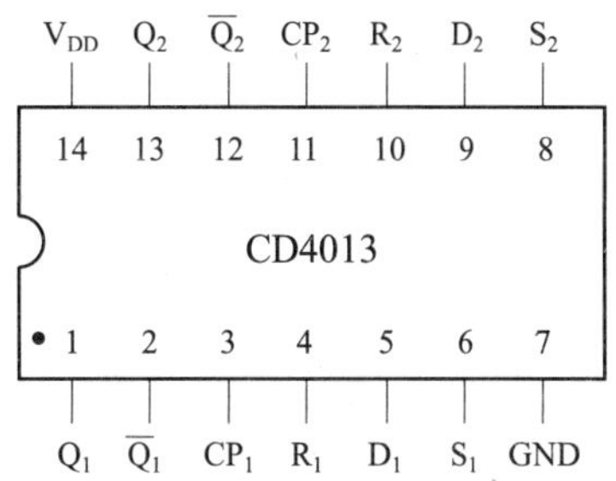

图 4–2–3　D 触发器 CD4013 的引脚

秒计数器、分计数器和时计数器是使用计数器 CD4026 集成芯片，CD4026 具有显示译码功能，输送给各自的数码管，显示出时、分、秒的计时。计数、译码显示电路如图 4–2–4 所示。

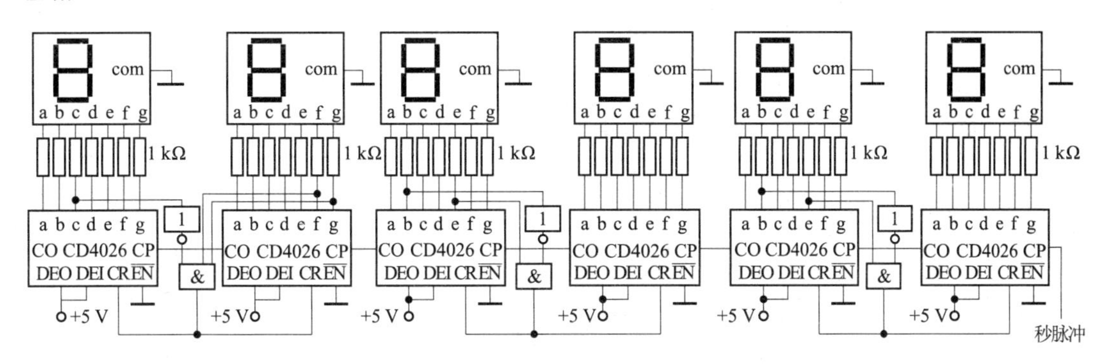

图 4–2–4　计数、译码显示电路

计数、译码显示电路用到的数码管的引脚见图 4–1–6 所示；计数、显示译码器 CD4026 的引脚如图 4–2–5 所示。非门 CD4069 的引脚如图 4–2–6 所示。三输入与门 CD4073 的引脚如图 4–2–7 所示。

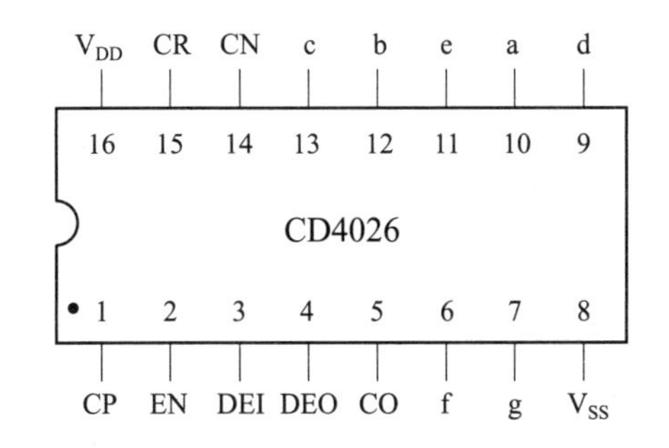

图 4–2–5　计数、显示译码器 CD4026 的引脚

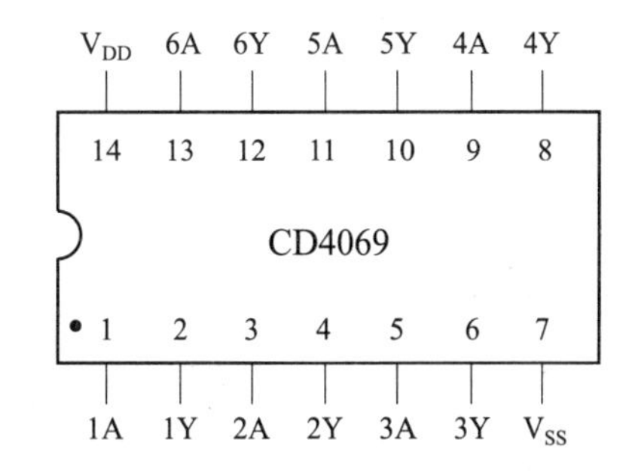

图 4–2–6　非门 CD4069 的引脚

3. 校时电路

当时钟走时不准时需要进行校时，校时电路如图 4–2–8 所示。其由与非门和 2 个开关组成，实现对“时”“分”的校准。

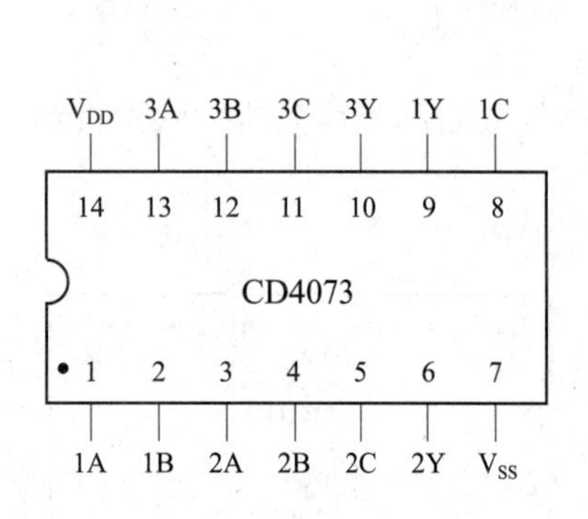

图 4-2-7　三输入与门 CD4073 的引脚

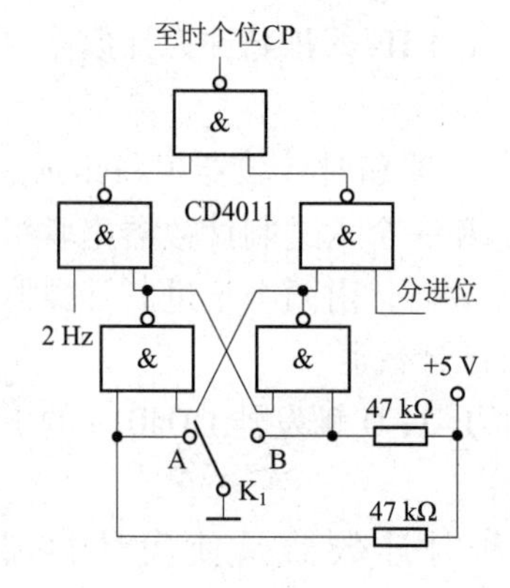

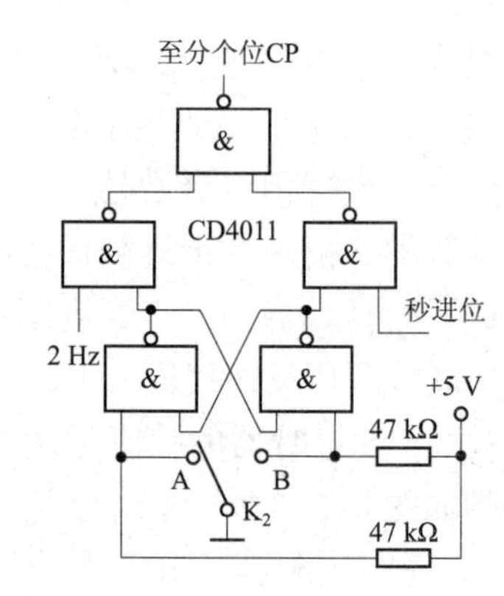

图 4-2-8　校时电路

当校时开关 K_1、K_2 扳到 A 端时，校时的 2 Hz 脉冲分别输送到时计数器和分计数器个位的 CP 端，进行时计数器和分计数器“时”“分”的校准。当校时开关 K_1、K_2 扳到 B 端时，时计数器和分计数器的进位脉冲分别输送到时计数器和分计数器个位的 CP 端，时钟正常计时。

与非门 CD4011 的引脚如图 4-2-9 所示。

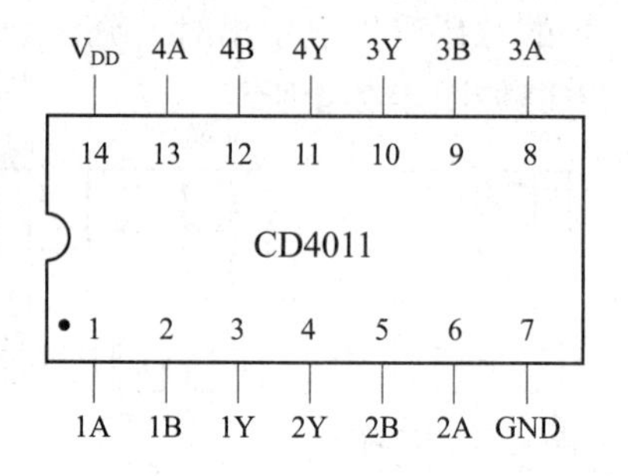

图 4-2-9　与非门 CD4011 的引脚

4. 数字电子钟的整体电路

图 4-2-10 所示为数字电子钟的整体电路。

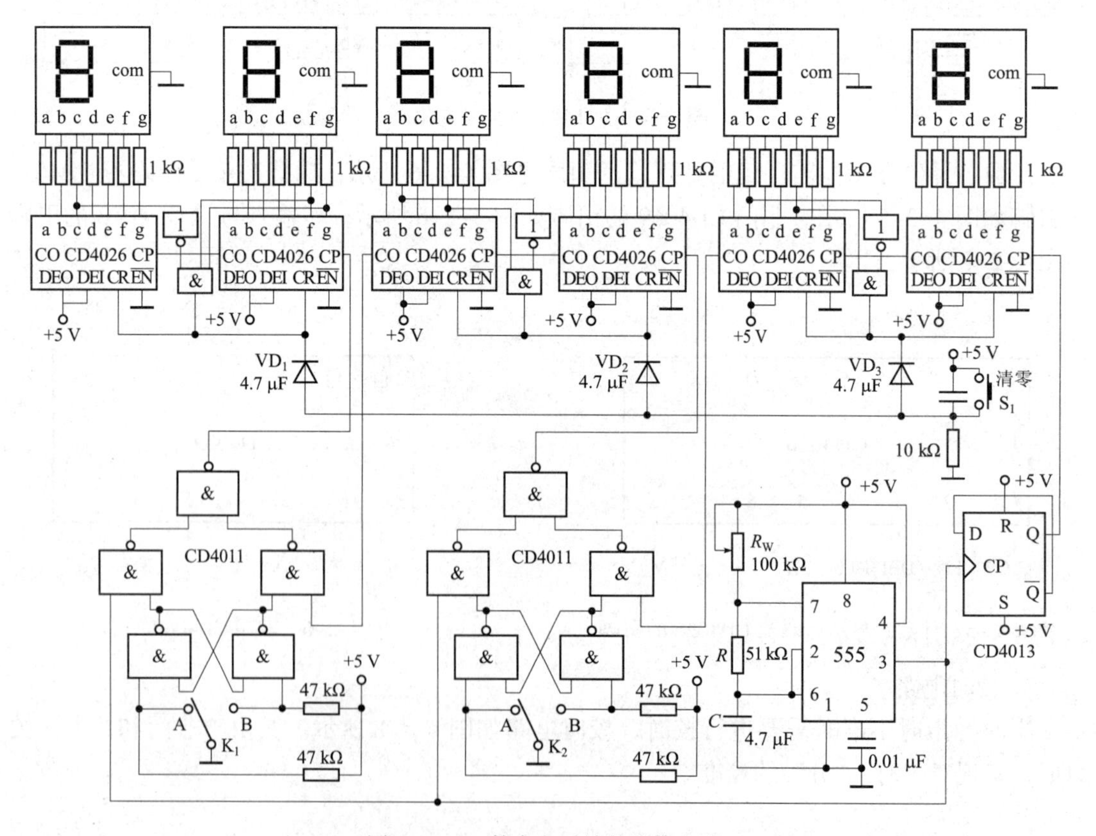

图 4-2-10　数字电子钟的整体电路

【安装与调试】

1. 调试多谐振荡器

用示波器观察多谐振荡器输出的波形，确定多谐振荡器是否正常工作，振荡频率是否为 2 Hz；若不是，调节电位器 R_W 使多谐振荡器产生频率为 2 Hz 的方波信号。

2. 调试分频器

用示波器观察分频器输出的波形，确定信号频率是否为 1 Hz。

3. 调试计数、译码显示电路

将秒信号输送给秒计数器、分计数器和时计数器，并观察各计数器是否工作正常。

4. 调试校时电路

调试校时电路并观察校时电路是否起到校时的作用。

5. 整体调试

将各部分电路连接起来，观察电子钟是否正常工作。

4.3　交通信号灯控制系统的设计与制作

【实训目的】

（1）学会综合应用理论知识和中规模集成电路设计的方法。

（2）掌握调试及电路主要技术指标的测试方法。

【实训要求】

设计一个十字路口交通灯的信号控制器，要求如下：

（1）十字路口设有红、黄、绿、左拐信号灯；有数字显示通行时间，以秒为单位做减法计数。

（2）主、支干道交替通行，主干道每次绿灯亮 40 s，左拐信号灯亮 15 s；支干道每次绿灯亮 20 s，左拐信号灯亮 10 s。

（3）每次绿灯变左拐信号灯时，黄灯先亮 5 s（此时另一干道上的红灯不变）；每次左拐信号变红灯时，黄灯先亮 5 s（此时另一干道上的红灯不变）。

（4）当主、支干道任意干道出现特殊情况时，进入特殊运行状态，两干道上所有车辆都禁止通行，红灯全亮，时钟停止工作。

（5）要求主、支干道通行时间及黄灯亮的时间均可在 0~99 s 内任意设定。

【实训原理】

某交通灯控制系统的组成框图如图 4-3-1 所示。状态控制器主要用于记录十字路口交通灯的工作状态，通过状态译码器分别点亮相应状态的信号灯；秒信号发生器产生整个定时系统的时基脉冲，通过减法计数器对秒脉冲减计数，达到控制每一种工作状态的持续时间。减法计数器的回零脉冲使状态控制器完成状态转换，同时状态译码器根据系统的下一个工作状态决定计数器下一次减计数的初始值。减法计数器的状态由 BCD 译码器译码、数码管显示。在黄灯亮期间，状态译码器将秒脉冲引入红灯控制电路，使红灯闪烁。

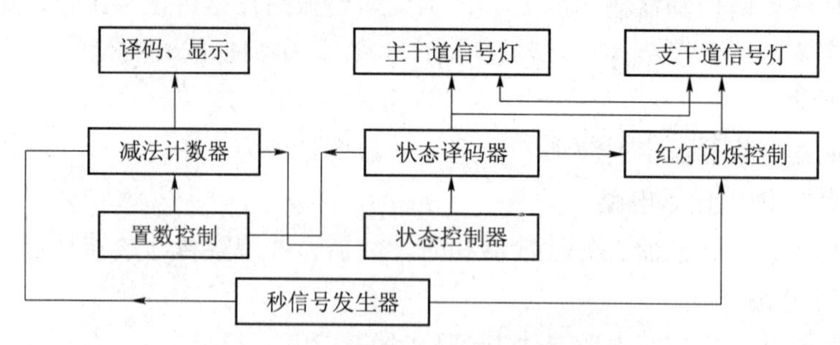

图 4–3–1　某交通灯控制系统的组成框图

1. 状态控制器的设计

根据设计要求，各信号灯的工作顺序流程如图 4–3–2 所示。信号灯 4 种不同的状态分别用 S_0（主绿灯亮、支红灯亮）、S_1（主黄灯亮、支红灯闪烁）、S_2（主红灯亮、支绿灯亮）、S_3（主红灯闪烁、支黄灯亮）表示，其状态编码及状态转换情况如图 4–3–3 所示。

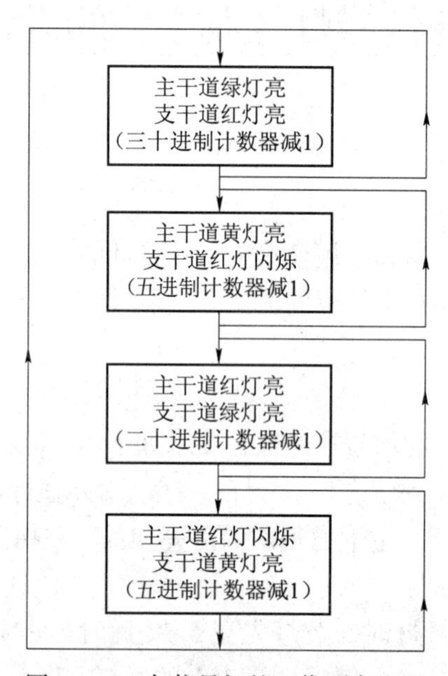

图 4–3–2　各信号灯的工作顺序流程

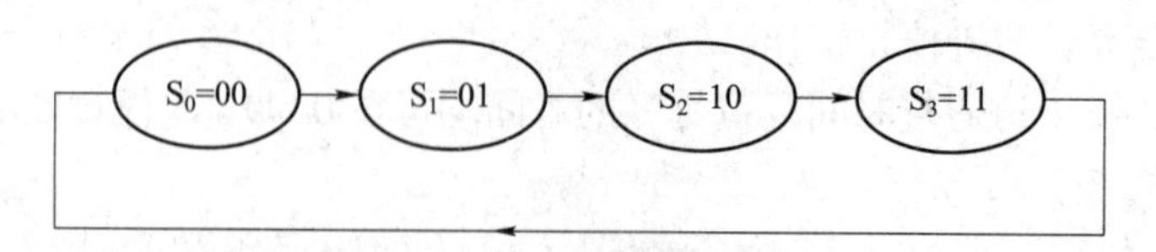

图 4–3–3　各信号灯的状态编码及状态转换情况

显然，这是一个二位二进制计数器。可采用中规模集成计数器 CD4029 构成状态控制器，其电路如图 4–3–4 所示。

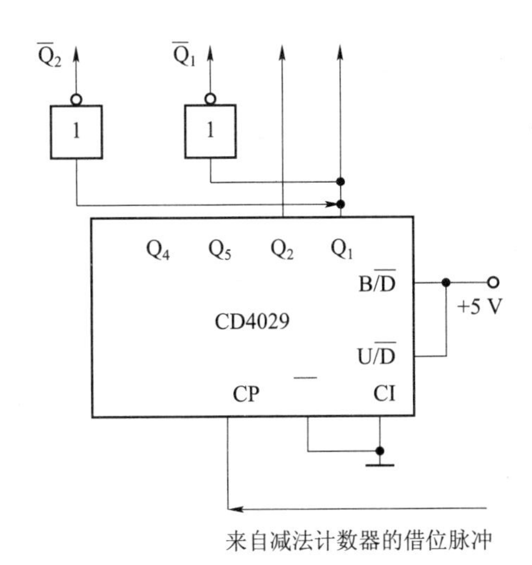

图 4-3-4　采用中规模集成计数器 CD4029 构成状态控制器的电路

2. 状态译码器

主、支干道上红、黄、绿信号灯的状态主要取决于状态控制器的输出状态，它们之间的关系如真值表 4-3-1 所示。对于信号灯的状态，“1”表示灯亮，“0”表示灯灭。

表 4-3-1　信号灯信号输出状态真值表

状态控制器输出		主干道信号灯			支干道信号灯		
Q_2	Q_1	R（红）	Y（黄）	G（绿）	r（红）	y（黄）	g（绿）
0	0	0	0	1	1	0	0
0	1	0	1	0	1	0	0
1	0	1	0	0	0	0	1
1	1	1	0	0	0	1	0

根据真值表，可求出各信号灯的逻辑函数表达式为

$R=Q_2\cdot\overline{Q_1}+Q_2\cdot Q_1=Q_2$　　　　$\overline{R}=\overline{Q_2}$

$Y=\overline{Q_2}\cdot Q_1$　　　　$\overline{Y}=\overline{\overline{Q_2}\cdot Q_1}$

$G=\overline{Q_2}\cdot\overline{Q_1}$　　　　$\overline{G}=\overline{\overline{Q_2Q_1}}$

$r=\overline{Q_2}\cdot\overline{Q_1}+\overline{Q_2}\cdot Q_1=\overline{Q_2}$　　　　$\overline{r}=\overline{\overline{Q_2}}$

$y=Q_2\cdot Q_1$　　　　$\overline{y}=\overline{Q_2\cdot Q_1}$

$g=Q_2\cdot\overline{Q_1}$　　　　$\overline{g}=\overline{Q_2\cdot\overline{Q_1}}$

现选择半导体发光二极管模拟交通信号灯，由于门电路带灌电流的能力一般比带拉电流的能力强，要求门电路输出低电平时，点亮相应的发光二极管，故可知状态译码器的电路组成，具体如图 4-3-5 所示。

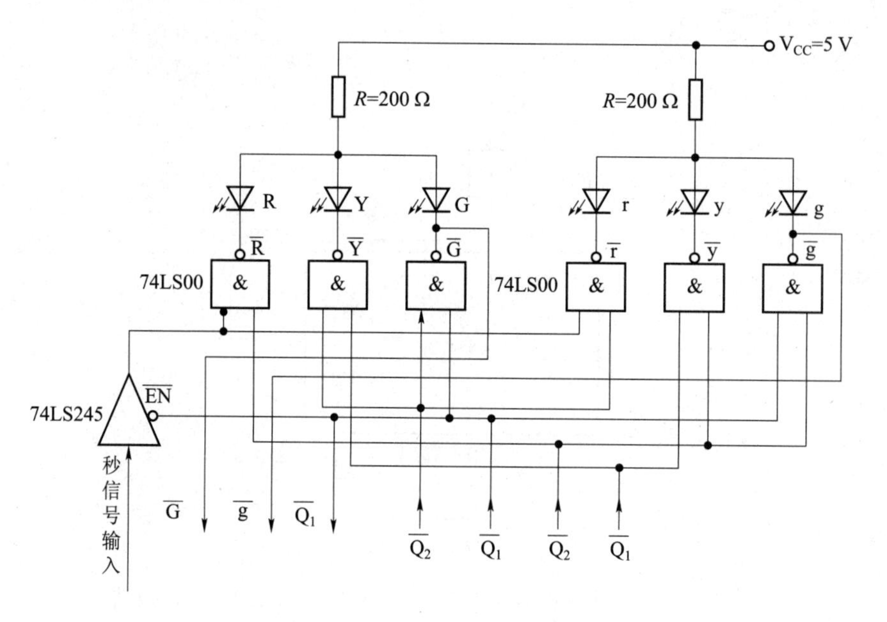

图 4-3-5　状态译码器的电路

根据设计要求，当黄灯亮时，红灯应按 1 Hz 频率闪烁。从状态译码器的真值表可以看出，黄灯亮时，Q_1 必为高电平；而红灯点亮信号与 Q_1 无关。现利用 Q_1 信号去控制三态门电路 74LS245（或模拟开关），当 Q_1 为高电平时，将秒信号脉冲引到驱动红灯的与非门的输入端，使红灯在黄灯亮期间闪烁；反之将其隔离，红灯信号不受黄灯信号的影响。

3. 定时系统

根据设计要求，交通灯控制系统要有一个能自动装入不同定时时间的定时器，以完成 30 s、20 s、5 s 的定时任务。

4. 秒信号发生器

产生秒信号的电路有多种形式，图 4-3-6 所示为利用 555 定时器组成的秒信号发生器。因为该电路输出脉冲的周期为：$T \approx 0.7\,(R_1+2R_2)\,C$。若 T=1 S，令 C=10 μF，R_1=39 kΩ，则 $R_2 \approx 51$ kΩ。取固定电阻 47 kΩ 与 5 kΩ 的电位器相串联代替电阻 R_2。在调试电路时，调试电位器 R_P，使输出脉冲为 1 s。

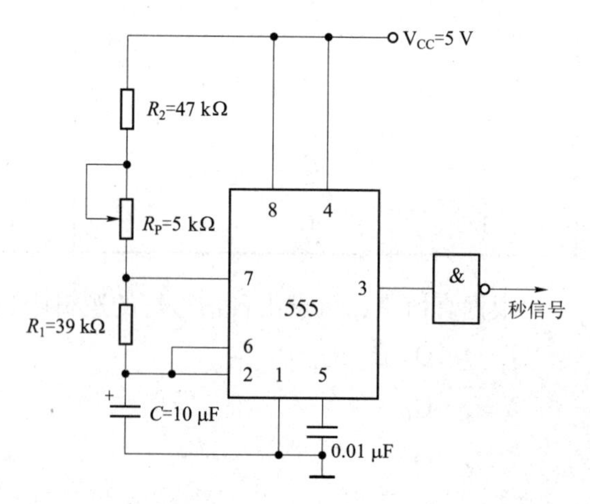

图 4-3-6　利用 555 定时器组成的秒信号发生器

【主要电子器件】

（1）数字逻辑实验箱（1 个）。

（2）555 定时器（1 片）。

（3）CD4029 预置可逆计数器（1 片）。

（4）74LS245 三态门（1 片）。
（5）74LS00 与非门（4 片）。
（6）发光二极管（8 个）。
（7）电阻、电容（若干）。

【安装与调试】

（1）按照设计任务要求，画出十字路口交通信号灯控制的电路图，并列出元器件清单。
（2）在数字逻辑实验箱上插接电路。
（3）拟订测试内容及步骤、选择测试仪器，并列出有关的测试表格。
（4）进行单元电路调试和整机调试。
（5）进行故障分析、精度分析，并对图以及功能评价。
（6）写出总结报告，包括收获及体会。

4.4　有源音箱的设计与制作

【实训目的】

（1）完成系统设计与制作方案设计。
（2）掌握有源音箱的工作原理以及各元器件的作用。
（3）掌握焊接有源音箱的方法与调试。

【实训要求】

（1）输出功率可调，范围为 0~2 W。
（2）负载阻抗为 4 Ω，输入阻抗大于 20 kΩ。
（3）具有音量调节功能。

【实训原理】

1. 有源音箱的电路
图 4-4-1 所示为有源音箱的电路。
2. 集成功率放大器 TDA2822
TDA2822 是双通道集成功放，为 8 个引脚的芯片，其引脚如图 4-4-2 所示。
1）TDA2822 各引脚的功能
1 脚——1 通道输出端；7 脚——1 通道反相输入端；8 脚——1 通道同相输入端；3 脚——2 通道输出端；5 脚——2 通道反相输入端；6 脚——2 通道同相输入端；2 脚——V+ 电源端；4 脚——接地端。

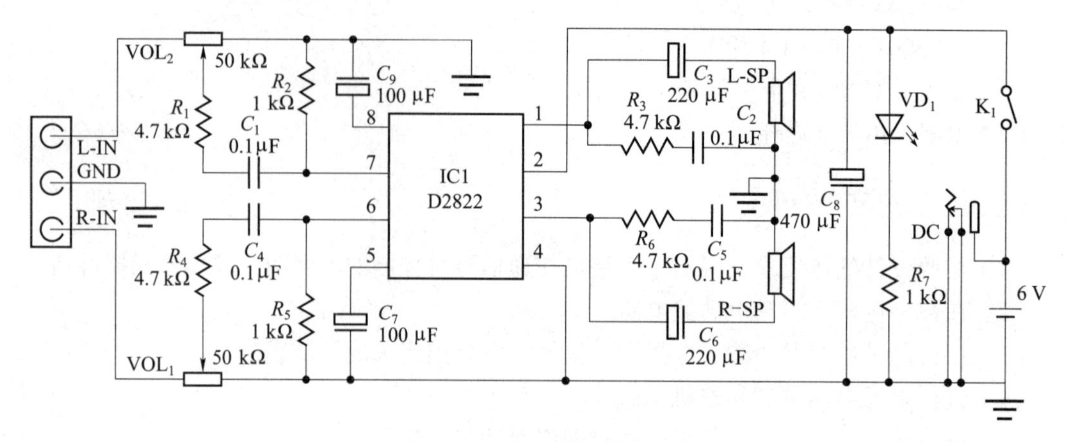

图 4-4-1　有源音箱的电路

2）TDA2822 主要的参数

输出功率：1.8 W；可用增益调整：40 dB；工作电源电压：3~15 V；静态最大电流：12 mA；最大功率耗散：4 000 mW；音频负载电阻：8 Ω；噪声：测试条件负载为 8 Ω、输出 500 mW 时，噪声小于 0.2 %；最小工作温度 −40 ℃；最大工作温度 85 ℃。

3. 电路的工作原理

有源音箱的核心元件是 TDA2822，TDA2822 是双通道功率放大芯片，其内部功放电路为 OTL 电路，两路相互独立的 OTL 功放电路分别放大左、右通道的信号，各自从左、右通道扬声器播放，合成立体声。

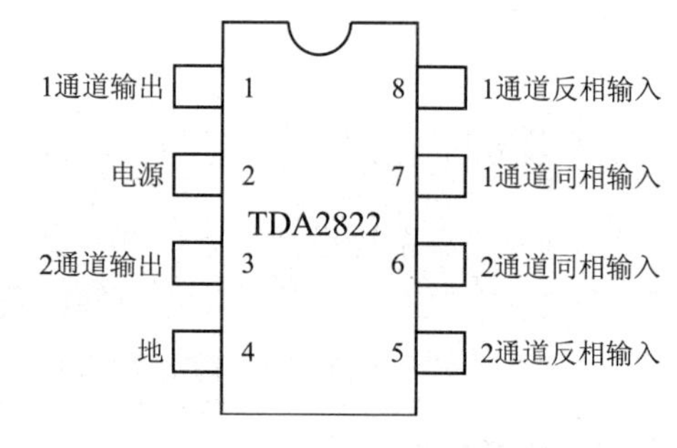

图 4-4-2　TDA2822 的引脚

1）输入电路

电位器 VOL_1 与 VOL_2 为左、右通道音量调节电位器，利用分压的方法调节输入信号的大小，改变输出功率（声音）的大小。

输入电路采用 *RC* 耦合电路，R_1 C_1 R_2 为左通道输入电路，R_4 C_4 R_5 为右声道输入电路。

输入电路采用阻容 *RC* 耦合电路的作用是去掉输入信号中的直流，只允许交流信号输入。直流信号输入有可能烧毁扬声器。

2）功率放大电路

TDA2822 的功率放大增益是固定的，大约为 40 dB，即放大倍数为 100 倍。左、右通道信号输入反相输入端；同相输入端接旁路电容 C_7 和 C_9，起到过滤输入干扰信号的作用。

3）输出电路

由于 TDA2822 是 OTL 功放电路，故用输出耦合电容隔直通交。输出信号通过输出耦合电容 C_3 和 C_6 将放大后的信号输送到扬声器，还原成左、右通道的声音。

为了防止出现自激振荡，左、右通道输出电路都接有相位补偿电路。相位补偿电路是一个几欧姆的小电阻与电容组成的串联电路，R_3C_2 为左通道相位补偿电路，R_6C_5 为右通道相位补偿电路。

4）电源去耦合电路

电路中的大电容 C_9 是电源去耦合电容，其作用是滤除自电源进入的低频干扰信号，减少杂音。

4. 电路的测试与调整

1）电路正常工作的测试

接通电源后，电源指示灯亮。输入端输入音频信号后，扬声器中发出足够响亮的声音。旋转音量调节电位器的旋钮，扬声器发出的声音由大到小，或由小到大发生变化。

2）左、右通道的测试

使用媒体播放器测试左、右通道的功能。关闭左通道，右通道正常放声；关闭右通道，左通道正常放声。左、右通道放声的大小应一样。同时打开左、右通道，若分辨不出左、右通道的放声，则为合成的立体声。

3）常出现的故障

（1）只有一个通道有声音，另一个通道无声音。出现这种故障一般是输入信号线接错，将一个通道的输入端与公共接地端接反。

（2）只有一个通道声音大，另一个通道声音小。出现这种故障应检查通道输入回路与通道输出回路是否有虚焊处或连接不好处。

4.5　直流稳压电源的设计与制作

【实训目的】

（1）掌握整流电路、滤波电路、稳压电路以及单元电路的工作原理。

（2）掌握直流稳压电源的调试及综合应用。

【实训要求】

（1）输出电压为 10~11 V。

（2）额定电流为 150 mA，最大输出电流小于或等于 0.5 A。

（3）电压、电流误差小于或等于 ±10%。

【实训原理】

直流稳压电源及充电器由稳压电路与充电电路两部分组成，其电路原理如图 4-5-1 所示。

直流稳压电路由电源变压器、桥式整流电容滤波电路和串联型稳压电路组成。

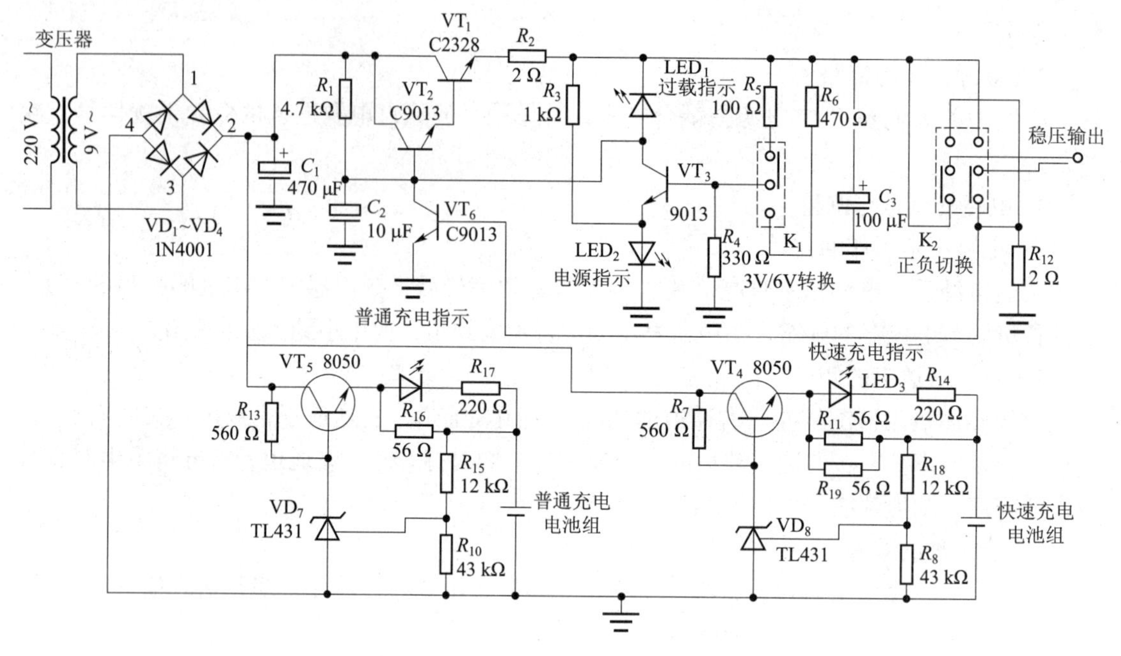

图 4-5-1　直流稳压电源及电路原理

1. 桥式整流电容滤波电路

桥式整流电容滤波电路如图 4-5-2 所示。电源变压器将 220 V 交流电变换为 9 V 交流电，经过桥式整流电路，转换为 8 V 左右的直流脉动电，完成交流电转换为直流脉动电的任务。

直流脉动电再经过电容滤波输出直流电，直流电压为 10~11 V，完成变换为直流电的任务。

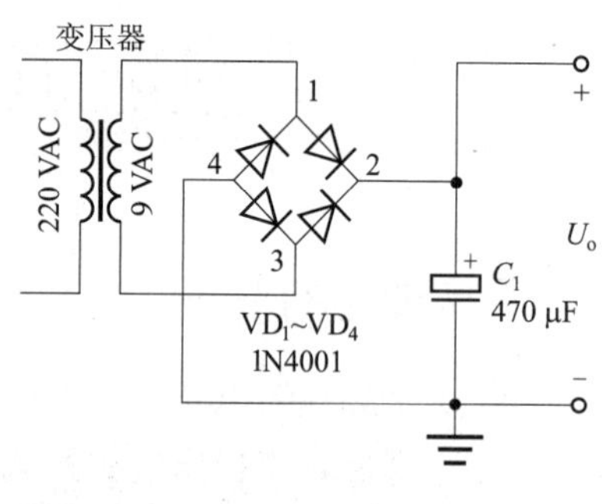

图 4-5-2　桥式整流电容滤波电路

2. 串联型稳压电路

串联型稳压电路是最常用的稳压电路，其电路如图 4-5-3 所示。

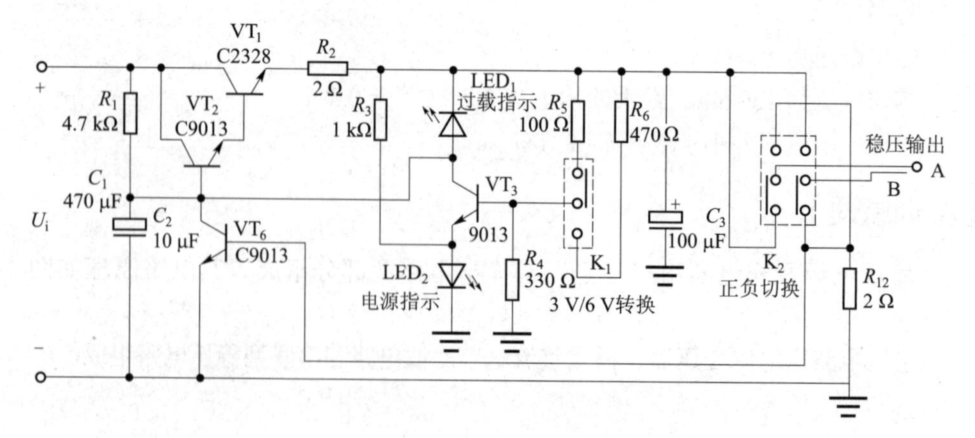

图 4-5-3　串联型稳压电路

串联型稳压电路由 4 部分组成，分别是调整管、基准电源、比较放大器和采样电路。该电路中调整管为 VT_1 与 VT_2 组成的复合管；比较放大器为 VT_3 组成的放大电路；基准电源为 LED_2、R_3 组成的电路；采样电路有两路：一路是 R_5、R_4 组成的分压电路，另一路是 R_5、R_6 组成的分压电路。R_5、R_4 组成的采样电路使稳压电源的输出电压为 3 V；R_5、R_6 组成的采样电路使稳压电源的输出电压为 6 V。开关 K_1 为两组采样电路的切换开关，也是输出 3 V 与 6 V 稳定电压的转换开关。

1）电源指示

电路正常工作时，LED_2 导通，该发光二极管点亮，LED_2 除了作为基准电源外，兼为电源指示灯。

2）输出正、负极切换

开关 K_2 交换输出端 A、B 端的极性，实现输出正、负极的切换。开关 K_2 在图 4–5–3 所示位置时，A 端为正极，B 端为负极；如果开关 K_2 扳向上方位置，则 A 端为负极，B 端为正极。

3）过载指示

LED_1 发光二极管为过载指示灯。电路正常工作时，LED_1 正极电位低于负极电位，该灯不亮。该稳压电源最大输出电流为 500 mA，如果电流超过 500 mA，则 R_{12} 电阻的压降会超过 0.7 V，从而使三极管 VT6 导通，使 LED_1 正极电位高于负极电位，LED_1 点亮，指示此时输出过载，因此要及时断开输出负载。

3. 充电电路

充电电路如图 4–5–4 所示。

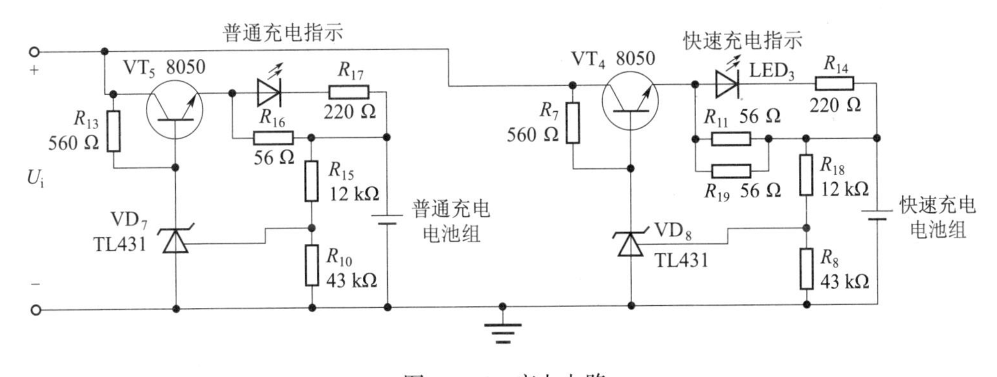

图 4–5–4　充电电路

充电电路分为普通充电电路和快速充电电路。普通充电方式的充电电流为 60~70 mA，快速充电方式的充电电流为 120~130 mA，它们可以给两节 5 号或 7 号充电电池充电。

【安装与调整】

1. 通电前的测试

通电前先测试电源输出端的电阻，电阻需大于 500 Ω 才可以通电，否则需检查电路有无连接错误处。

2. 通电后的测试

通电后，电源指示灯亮（绿色发光二极管）；测量空载时的输出电压，应略高于 3 V 或

6 V，说明稳压电路正常工作。

1）输出极性测试

拨动开关 K_2，输出电压的极性应发生变化。

2）测试负载能力

当负载电流在额定电流 150 mA 时，输出电压误差应小于 ±10%。

3）过载保护测试

当负载电流增大到一定时，过载指示灯逐渐变亮，输出电压下降。当电流增大到 500 mA 时，保护电路工作，过载指示灯亮，电源指示灯灭。把负载电流减小，电路恢复正常工作。

4）充电电路测试

用直流电流表测量充电通道短路电流，普通充电通道短路电流为（110 ± 10%）mA；快速充电通道短路电流为（200 ± 10%）mA。充电电压应为（3.1 ± 5%）V。

3. 电路的调整

1）输出稳定电压误差超出 ±10% 的调整

当负载电流在额定电流 150 mA、输出电压误差应超出 ±10% 时，3 V 挡更换电阻 R_5，6 V 挡更换电阻 R_6。调整方法为：如果输出电压偏高，则减小电阻的阻值；如果输出电压偏低，则增大电阻的阻值。

2）充电电流误差超出 ±10% 的调整

充电电流误差超出 ±10% 时，可以更换电阻 R_{16}、R_{11}、R_{19}。如果充电电流偏大，则需增大电阻的阻值；如果充电电流偏小，则需减小电阻的阻值。

4.6 充电器的设计与制作

【实训目的】

（1）掌握充电器的工作原理及充电电路。

（2）熟悉充电器的安装与调试。

【实训要求】

（1）输入电压 220 V。

（2）输出电压 4.3 V、电流 0.2 A。

【实训原理】

充电器的组成电路如图 4–6–1 所示。其主要由开关电源和充电电路两部分组成，输入电压为 AC220 V、50/60 Hz、40 mA，输出电压 DC3.8~4.2 V、输出电流为（200 ± 80）mA。

1. 开关电源

开关电源是利用控制开关开通和关断的时间比率维持稳定输出电压的一种直流稳压电源。充电器的开关电源部分利用间歇振荡电路组成，如图 4–6–2 所示。

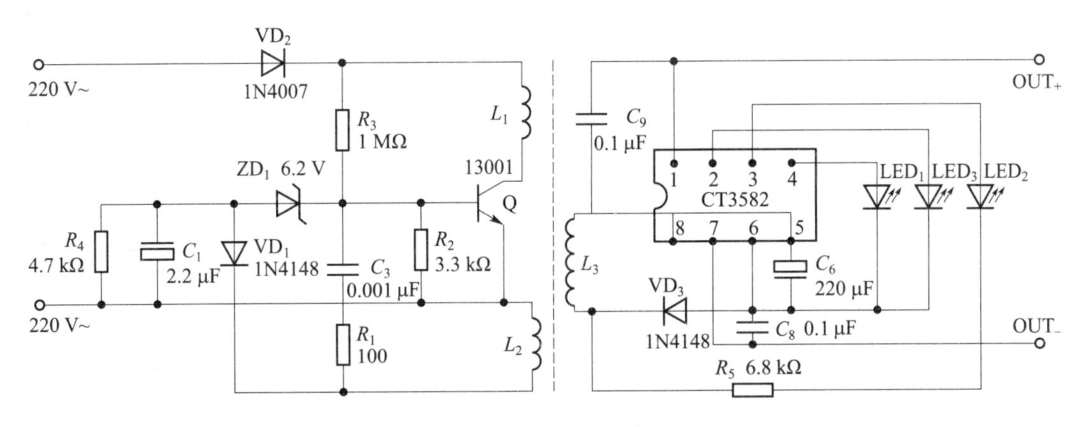

图 4-6-1　充电器的组成电路

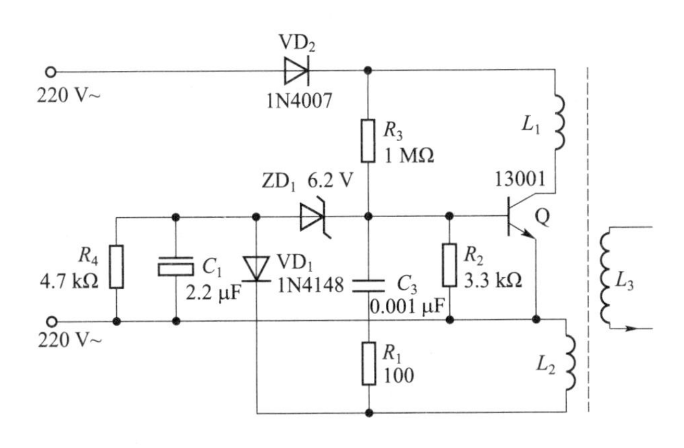

图 4-6-2　开关电源电路

其工作原理为：当接入 220 V 交流电源后，通过整流二极管 VD$_2$ 和电阻 R_3 变为直流电；给三极管 Q 提供启动电流，使 Q 开始导通，其集电极电流 I_C 流经电感线圈 L_1，并线性增长；在 L_2 中感应出使 Q 基极为正、发射极为负的正反馈电压，并使 Q 很快饱和。与此同时，感应电压给电容 C_3 充电，这就使 Q 基极电压逐渐降低，致使 Q 退出饱和区，I_C 开始减小，在 L_2 中感应出使 Q 基极为负、发射极为正的反向电压，从而使 Q 迅速变为截止状态。此时，直流电源又通过 R_3 开始给电容 C_3 反向充电，使 Q 的基极电压开始升高，升高到一定值时，Q 重新导通，并逐渐达到饱和状态……如此循环，电路就这样反复振荡下去，并通过变压器的次级线圈 L_3 两端得到稳定的 6~9 V 的直流电压，供充电电路工作。

2. 充电电路

充电电路如图 4-6-3 所示，主要由一块 8 脚集成电路 CT3582 和其他辅助元件组成。CT3582 是一个可以自动识别电池极性的单节锂电池充电控制集成芯片。该芯片集成了完整的电池极性识别、自动充电控制、充电保护等万能充电器方案所需的功能，不需要太多的外部元件就可以为锂电池充电。

LED$_2$ 红色发光管与 R_5 和 CT3582 的 3 脚组成充电指示电路；LED$_1$ 与 CT3582 的 4 脚组成电池好坏检测电路；LED$_3$ 与 CT3582 的 2 脚组成充电饱和指示电路。在 OUT$_+$ 与 OUT$_-$ 之间接入被充电电池，CT3582会通过自动“极性识别”系统对电池极性进行判断并做出相应控制，使电池检测指示灯LED_1亮，此时表示电池已正常接入电路。如果电池电压小于4.25 V（典型值），则LED_2闪烁，LED_3熄灭，此时表示该电池需要进行充电；如果电池电压大于或者等于4.25 V（典型值），则LED_2熄灭，LED_3亮，此时表示该电池已经充满，不需要继续充电。

当电源连通而尚未接入电池时，LED_1、LED_2常亮；此时CT3582的7脚BTP与1脚BTN两端之间的电压差为4.17 V（典型值）。

电源连通并且接入未满电池时，电源开始通过CT3582的控制对电池进行正常充电（此时不论电池以何种极性接入电路，均能正常充电）。电池两端电压缓缓升高，若选用三灯模式，则LED_1亮，LED_2闪烁，LED_3熄灭，此时表示电池正在被充电；当电池电压升高到4.25 V（典型值）时，LED_2熄灭，饱和检测指示灯LED_3亮，此时表示充电过程结束，电池已饱和。

若充电过程中，发生电池短路的情况，则CT3582内部“短路保护”系统会自动将充电回路切断，避免产生大电流。此时若选用三灯模式，即LED_1、LED_2熄灭，LED_3亮。

4.6.3 充电控制芯片CT3582

充电控制芯片CT3582是一种集成化充电控制电路，其引脚如图4-6-4所示。

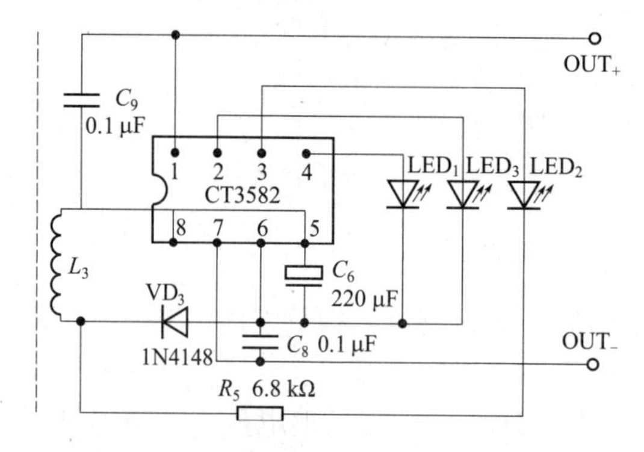

图4-6-3 充电电路

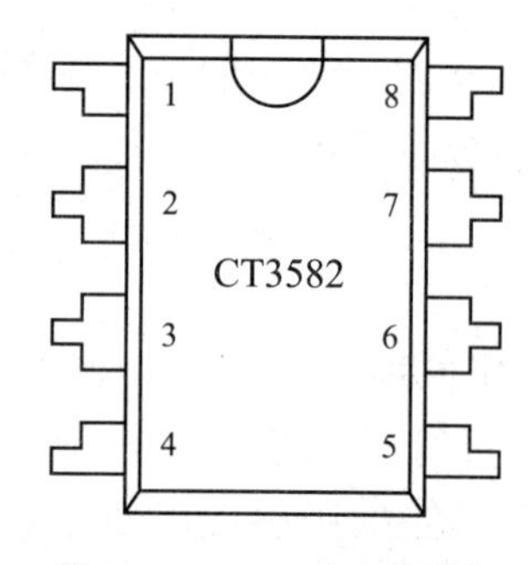

图4-6-4 CT3582的引脚

1. CT3582的引脚

CT3582各引脚的定义如表4-6-1所示。

表4-6-1 CT3582各引脚的定义

序号	名称	描述
1	BTN	电池负极
2	LED_3	指示灯LED_3引脚
3	LED_2	指示灯LED_2引脚
4	LED_1	指示灯LED_1引脚
5	SEL	功能选择（接V_{DD}为三灯和二灯模式，接GND为七彩灯模式）

续表

序号	名称	描述
6	GND	电源负极
7	BTP	电池正极
8	V_{DD}	电源正极

2. CT3582 的功能

（1）支持座式充电器模式。

（2）支持普通三灯模式、七彩灯模式、二灯模式。

（3）能自动识别电池极性。

（4）充电饱和电压 4.25 V（典型值）。

（5）空载时稳压输出。

（6）具有短路保护功能。

【安装与调试】

1. 电池检测

在 V_{DD} 断开的情况下接入电池，无论正接还是反接，只要接触良好，电池检测指示灯 LED_1 都会亮（市面上很多反接时 LED_1 不亮，而是 LED_2 或 LED_3 亮），表示电池已正常接入电路（注：如果电池正接、反接全都不亮，则可以判断电池电量过低，或者已经损坏）。

2. 电池空载

当 V_{DD} 连通而尚未接入电池时，LED_1、LED_3 常亮；此时 BTP 与 BTN 两端之间的电压差为 4.17 V（典型值）。

3. 正常充电及饱和检测

V_{DD} 连通并且接入未满电池时，电源开始通过芯片的控制对电池进行正常充电（此时不论电池以何种极性接入电路，均能正常充电），电池两端的电压缓缓升高，若选用三灯模式，则此时 LED_1 亮，LED_2 闪烁（LED_2 闪烁的频率为 1.5 Hz，最好做 OPTION，防止偏移），LED_3 熄灭，表示电池正在被充电；当电池电压升高到 4.3 V（典型值）时，LED_2 熄灭，饱和检测指示灯 LED_3 亮，表示充电过程结束，电池已饱和；若选用二灯模式，则充电时 LED_1 常亮，LED_2 闪烁，饱和时 LED_1 常亮，LED_2 常亮。充电过程中，电池饱和，通过电压判断迟滞避免状态来回切换，使 LED_3 常亮，LED_2 常灭。

4. 短路保护

若充电过程中发生电池短路的情况［即 BTP 与 BTN 之间的阻抗很低导致压降低于 1.5 V（典型值）］，则芯片内部“短路保护”系统会自动将充电回路切断，避免产生大电流。此时若选用三灯模式，LED_1、LED_2 熄灭，LED_3 亮；若选用二灯模式，则 LED_1 熄灭，LED_2 常亮，表示电池没有正常接入电路。当短路故障清除后，回到各自正常模式。

5. 三灯模式

三灯模式工作状态下，电路状态及参数如表 4–6–2 所示。

表 4–6–2　电路状态及参数

状态描述	电源状态	电池状态	电池检测 LED_1	电池检测 LED_2	电池检测 LED_3	电池电流	$\lvert V_{BTP}-V_{BTN}\rvert$
电池检测	断开	正常接入	亮	熄灭	熄灭	–1 mA（*）	< 4.1 V
电池空载	连通	未接入	亮	熄灭	亮	0	4.3 V（**）
正常充电		正常接入	亮	闪烁	熄灭	250 mA	< 4.1 V
饱和检测			亮	熄灭	亮	10 μA	4.3 V
电池短路		短路	熄灭	熄灭	亮	–	< 1.5 V

注：（*）此处为复制，表示此时电池向电路放电（为 LED_i 供电）。
（**）表示典型值。

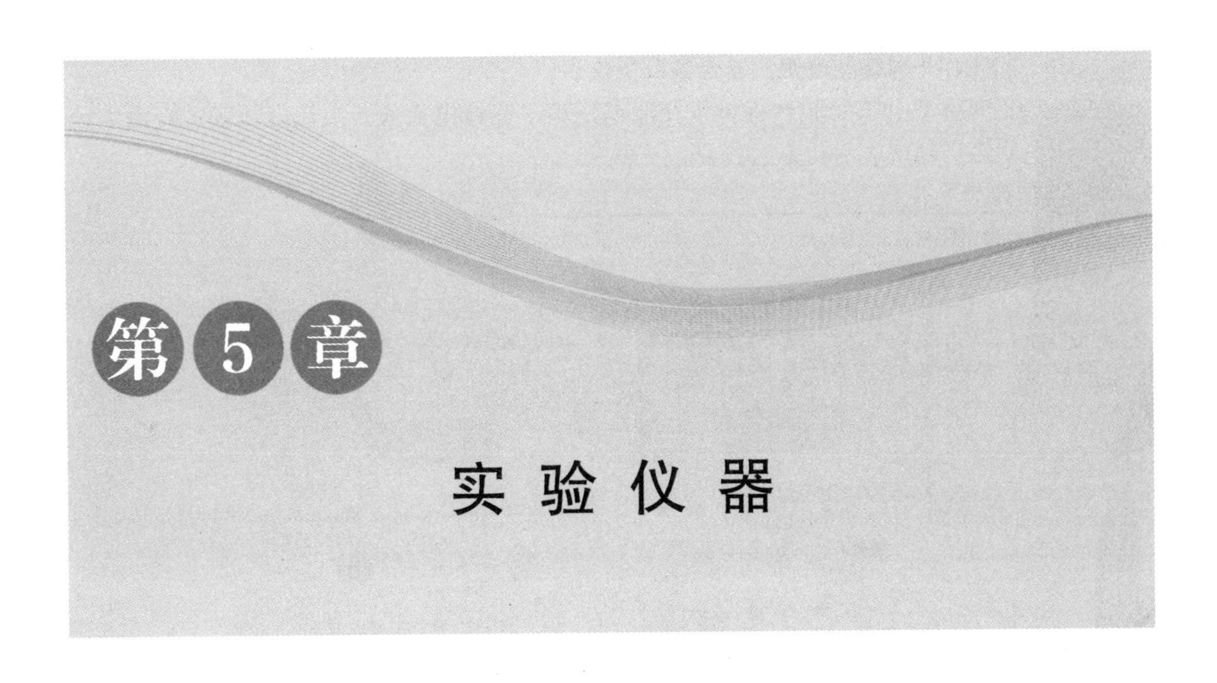

第5章 实验仪器

5.1 NEEL-Ⅱ网络型电工实验台

NEEL-Ⅱ网络型电工实验台如图 5-1-1 所示。NEEL-Ⅱ网络型电工实验台提供了电路实验的实验电路、实验元器件、实验所需的交直流电源、信号源以及测量仪表。

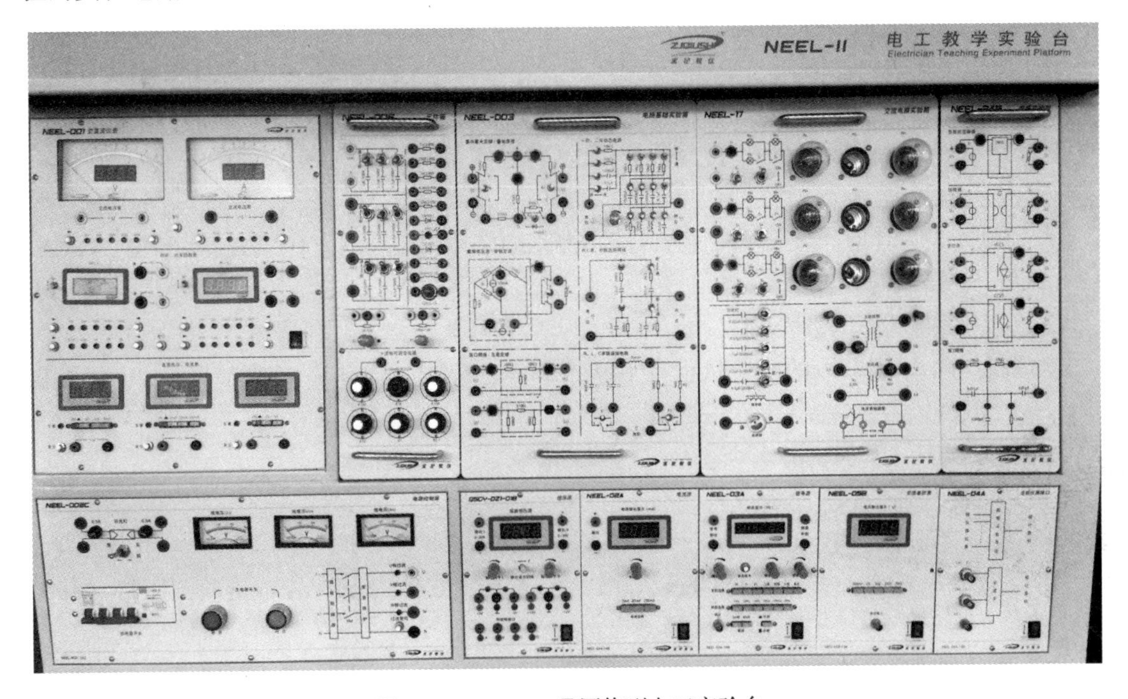

图 5-1-1　NEEL-Ⅱ网络型电工实验台

5.1.1 NEEL-Ⅱ网络型电工实验台的测量仪表

NEEL–Ⅱ网络型电工实验台提供了交流电压表、交流电流表、直流电压表、直流电流表、交流毫伏表、功率表和功率因数表。

1. 交流仪表

交流仪表如图 5–1–2 所示。

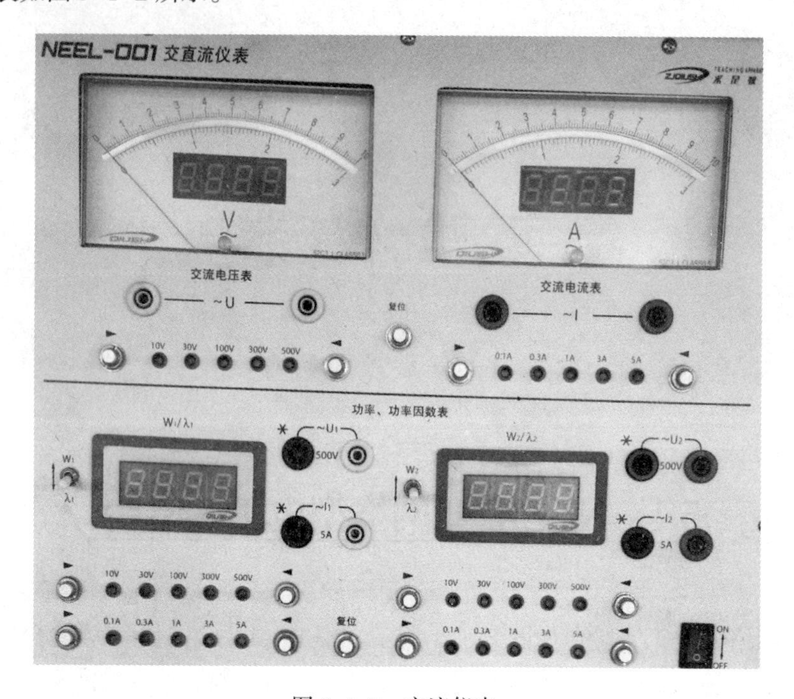

图 5–1–2　交流仪表

1）交流电压表

交流电压表具有指针与数显两种方式表示测量结果，测量范围为 0~500 V，有 10 V、30 V、100 V、300 V、500 V 5 种量程，由量程按钮进行切换。

2）交流电流表

交流电流表具有指针与数显两种方式表示测量结果，测量范围为 0~5 A，有 0.1 A、0.3 A、1 A、3 A、5 A 5 种量程。

3）功率表与功率因数表

功率表与功率因数表的电压量程有 10 V、30 V、100 V、300 V、500 V 5 种，电流量程有 0.1 A、0.3 A、1 A、3 A、5 A 5 种。

2. 直流仪表

直流仪表如图 5–1–3 所示。

1）数显直流电压表

数显直流电压表的测量范围为 0~300 V，有 2 V、20 V、300 V 3 种量程，用按键开关切换。

2）数显直流毫安表

数显直流毫安表的测量范围为 0~200 mA，有 2 mA、20 mA、200 mA 3 种量程。

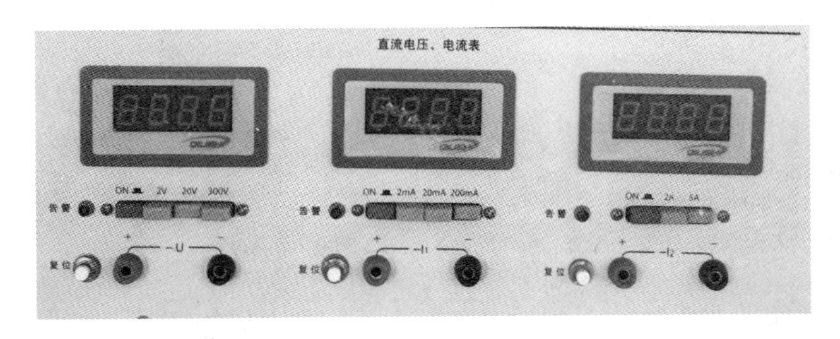

图 5-1-3　直流仪表

（3）数显直流安培表

数显直流安培表的测量范围为 0~5 A，有 2 A 和 5 A 两种量程。

3. 交流电压表

交流电压表（交流毫伏表）适用于测量频率为 5 Hz~1 MHz、电压为 200 mV~700 V 的正弦波的有效值电压，如图 5-1-4 所示。它有 200 mV、2 V、20 V、200 V、700 V 5 种量程。

5.1.2　NEEL-Ⅱ网络型电工实验台的电源

NEEL-Ⅱ网络型电工实验台提供了直流恒压源、直流恒流源、交流单相电源与交流三相电源。

1. 直流恒压源

直流恒压电源如图 5-1-5 所示。

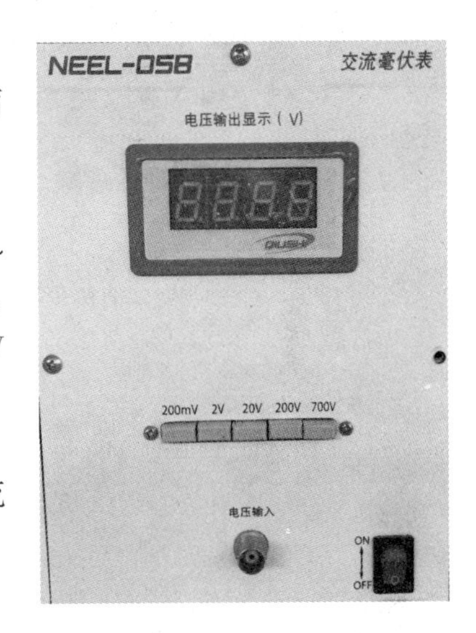

图 5-1-4　交流电压表

1）双路可调恒压源

双路可调恒压源为两路独立的直流稳压电源，直流电压的可调范围为 0~30 V，利用输出显示切换开关切换显示两路的输出直流电压值。

2）4 路固定恒压源

4 路固定恒压源提供 ±5 V 和 ±12 V 的直流电压。

2. 直流恒流电源

直流恒流电源如图 5-1-6 所示。

直流恒流源有 3 个挡位，分别为 0~2 mA、0~20 mA 和 0~200 mA，用按键开关进行选择。

3. 交流单相与交流三相电源

交流单相与交流三相电源如图 5-1-7 所示。

交流单相电源为 0~250 V 的单相可调电源；交流三相电源是线电压为 0~430 V 的可调电源，配有指针式交流电压表显示输出电压值。

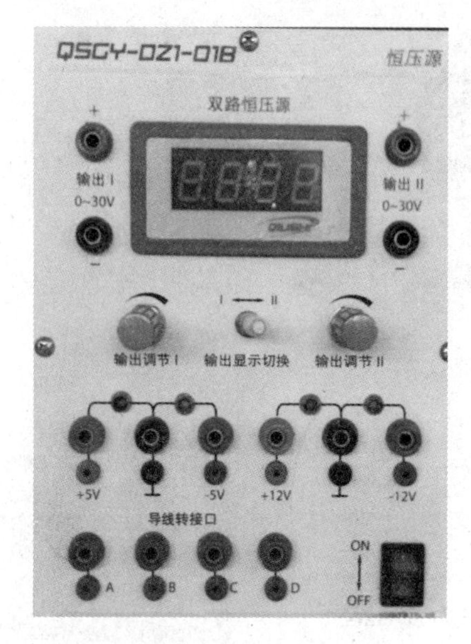

图 5-1-5　直流恒压源

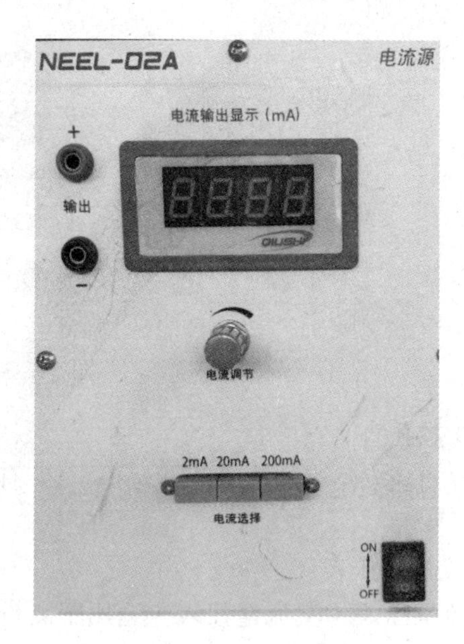

图 5-1-6　直流恒流源

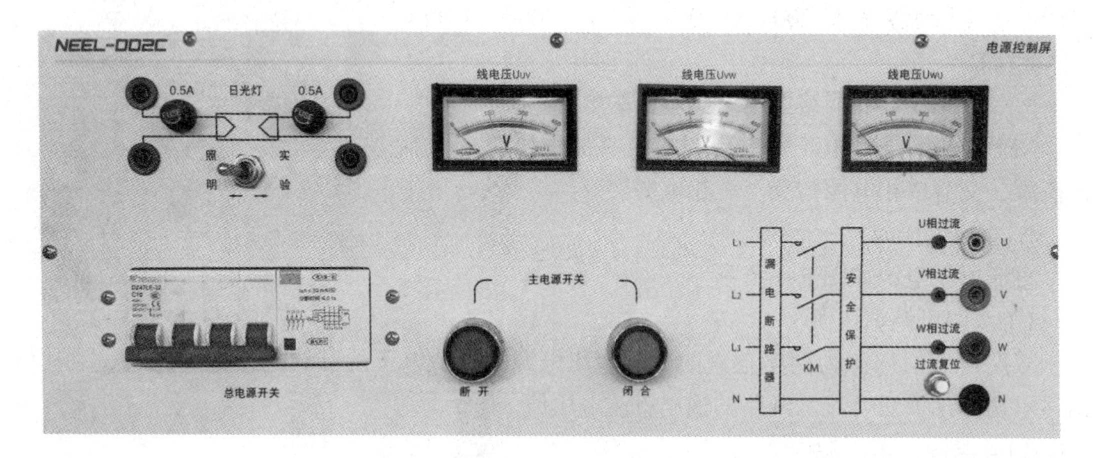

图 5-1-7　交流单相与交流三相电源

5.1.3　NEEL-Ⅱ网络型电工实验台的信号源与频率计

低频信号源与频率计如图 5-1-8 所示。

1. 低频信号源

低频信号源提供方波、正弦波、三角波、二脉、四脉、八脉和单次 7 种输出波形，用按键开关进行选择。输出频率为 3 Hz~1 MHz 连续可调信号，频段选择挡位有 10 Hz、100 Hz、1 kHz、10 kHz、100 kHz 和 1 MHz 6 个挡位，用按键开关进行选择；频率的调节有粗调与细调两个旋钮；信号幅度的调节由幅度调节旋钮完成。信号衰减功能有 20 dB 与 40 dB 两个挡位。

2. 频率计

频率计为 6 位数字式频率计，信号频率的测量范围 0~1 MHz。

频率计可以测量外接信号的频率，同时又是低频信号源输出信号频率的监视器，依据频率计的显示调节低频信号源输出信号的频率。

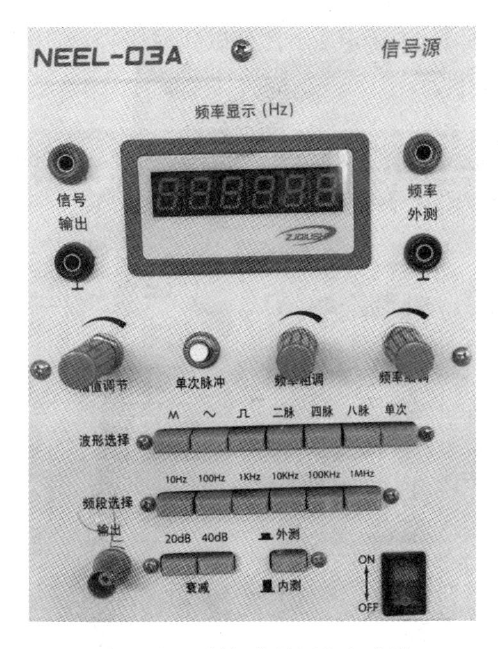

图 5-1-8　低频信号源与频率计

5.1.4　NEEL-Ⅱ网络型电工实验台的实验电路挂箱

NEEL-Ⅱ网络型电工实验台提供单三相交流电路实验箱（如图 5-1-9 所示），其可以完成单三相交流电路、变压器等相关实验。电路基础实验箱（如图 5-1-10 所示），其可以完成基尔霍夫定律，叠加定理，戴维南定理，谐振电路，一阶、二阶电路等相关实验。电路元

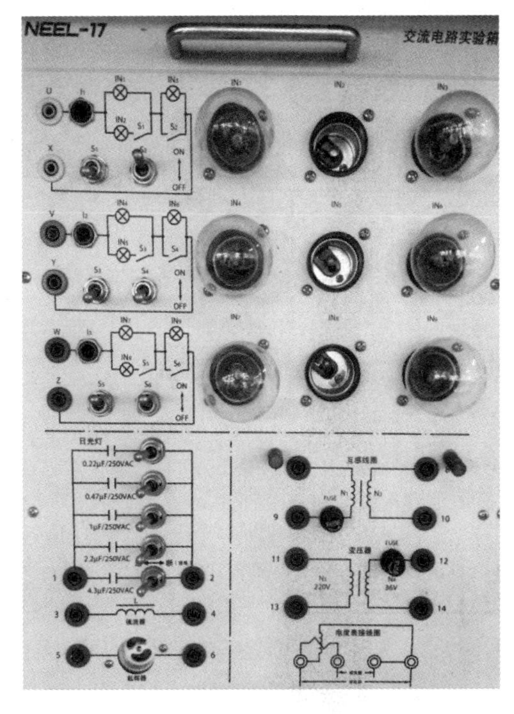

图 5-1-9　单三相交流电路实验箱

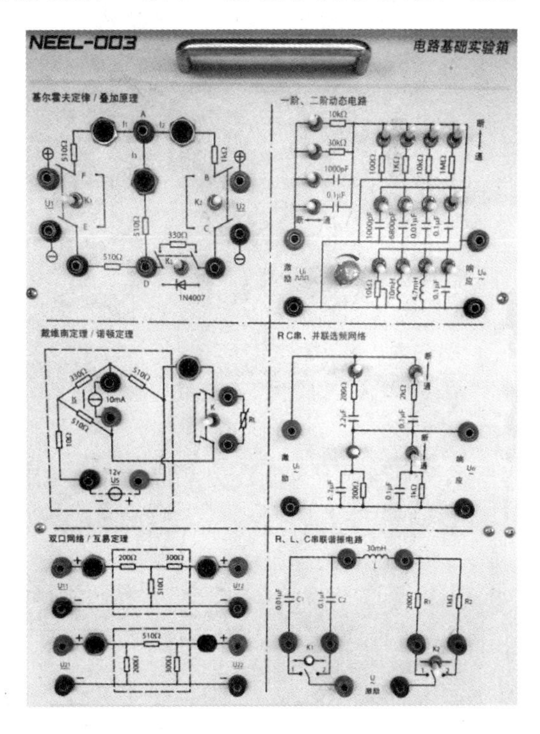

图 5-1-10　电路基础实验箱

件与受控源实验箱（如图 5-1-11 所示），其可以完成受控源、双端口等实验，提供实验中用到的电阻、电容、电感元件。

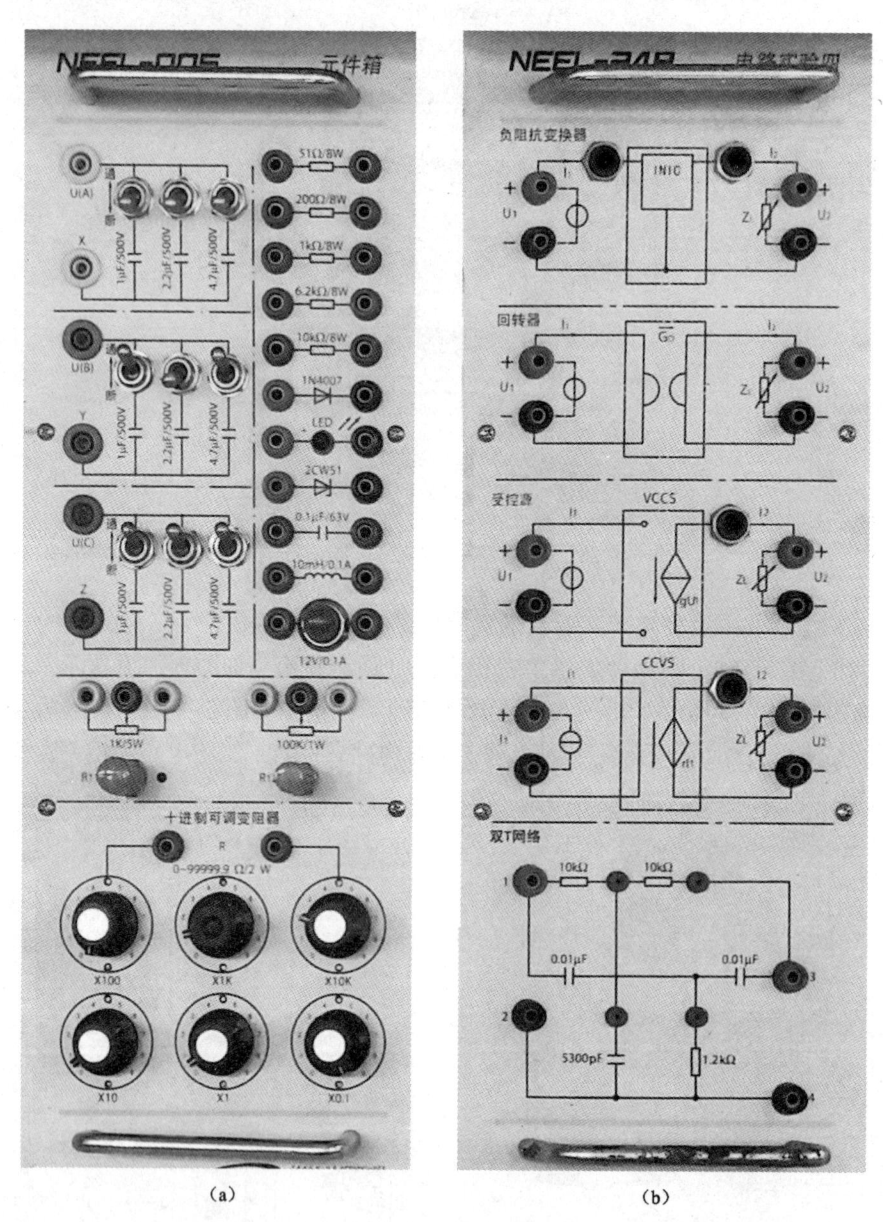

图 5-1-11　电路元件与受控源实验箱

（a）电路元件；（b）受控源实验箱

5.2　数字电子技术实验箱

数字电子技术实验箱如图 5-2-1 所示。数字电子技术实验箱主要由 6 部分组成：电源、数码显示区、逻辑开关区、单脉冲区、信号源和工作区。

图 5-2-1　数字电子技术实验箱

5.2.1　电源

实验箱的电源分布如图 5-2-2 所示。

（1）实验箱提供 ±5 V 与 ±12 V 直流电压。

（2）实验中所需的电源电压全部由该部分供给。

图 5-2-2　实验箱的电源分布

5.2.2　数码显示区

实验箱的数码显示区如图 5-2-3 所示；实验箱的电平指示分布如图 5-2-4 所示。

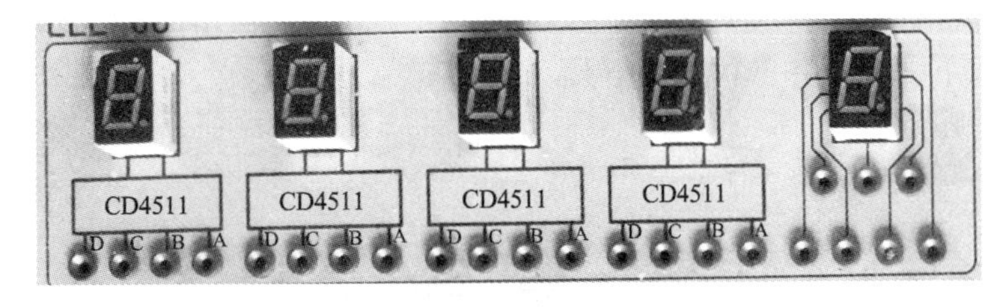

图 5-2-3　实验箱的数码显示区

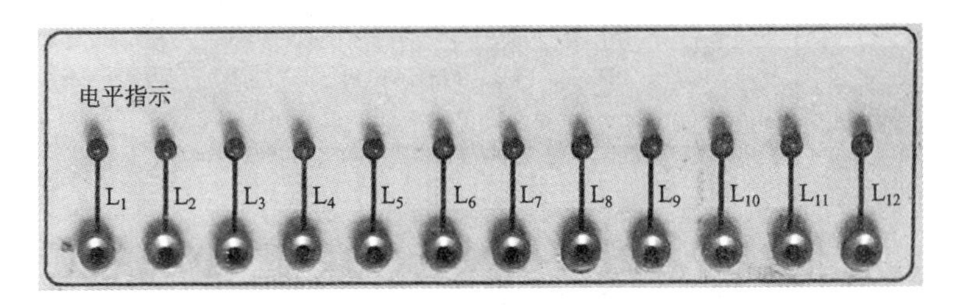

图 5-2-4　实验箱的电平指示分布

（1）该部分提供 4 位数码管显示和 12 个 LED 发光二极管组成的电平指示。

（2）数码管显示输入数字的 8421BCD 码，可以显示 0~9 十个数字。

（3）发光二极管组成的电平指示，为高电平驱动，即被测电平为高电平时发光二极管亮；被测电平为低电平时发光二极管不亮。

5.2.3 逻辑开关区

实验箱的逻辑开关区如图 5-2-5 所示。

图 5-2-5 实验箱的逻辑开关区

（1）逻辑开关有 12 个，为电路输入端提供高低电平信号。

（2）开关向下扳为低电平 0，相应的指示灯不亮；向上扳为高电平 1，相应的指示灯亮。

5.2.4 单脉冲区

实验箱的单脉冲区如图 5-2-6 所示。

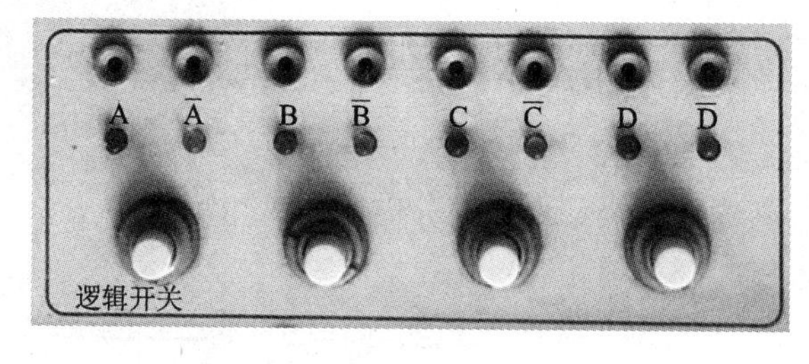

图 5-2-6 实验箱的单脉冲区

（1）单脉冲区有 4 组单脉冲，每组单脉冲提供上升沿、下降沿的单脉冲信号。

（2）按键按下一次提供一个脉冲信号。

5.2.5 信号源

实验箱的信号源如图 5-2-7 所示。

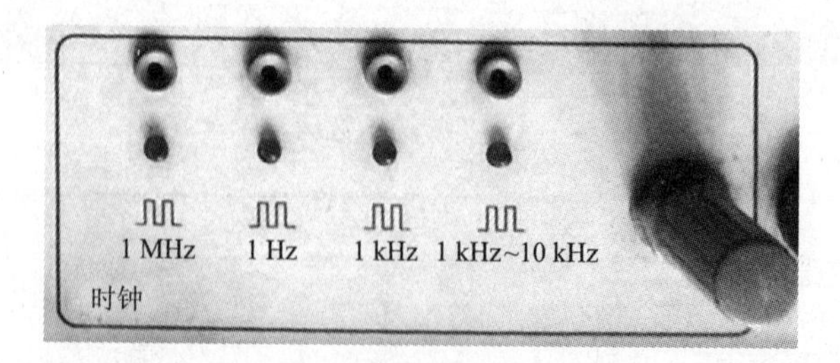

图 5-2-7 实验箱的信号源

（1）信号源提供 3 种固定频率的脉冲信号：1 MHz、1 kHz、1 Hz 的脉冲信号。

（2）信号源提供一个频率为 1~10 kHz 可调的脉冲信号。

5.2.6　工作区

实验箱工作区的芯片插座如图 5-2-8 所示。

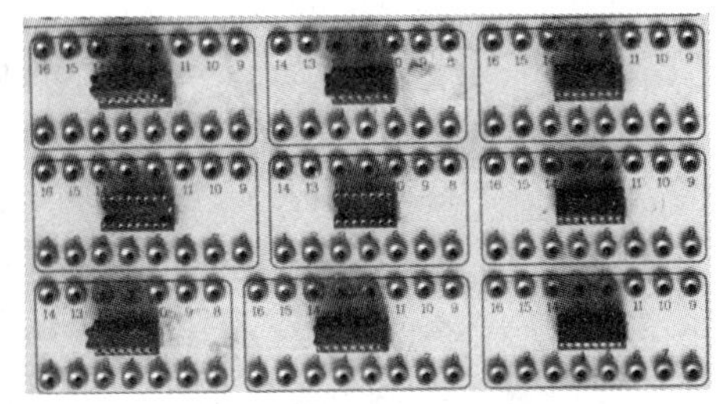

图 5-2-8　实验箱工作区的芯片插座

工作区有 8 脚、14 脚、16 脚、18 脚、20 脚、40 脚的芯片插座以及接线插孔，用于连接实验电路。

5.2.7　其他部分

实验箱上还有拨码盘、扬声器和电位器等，如图 5-2-9 所示。

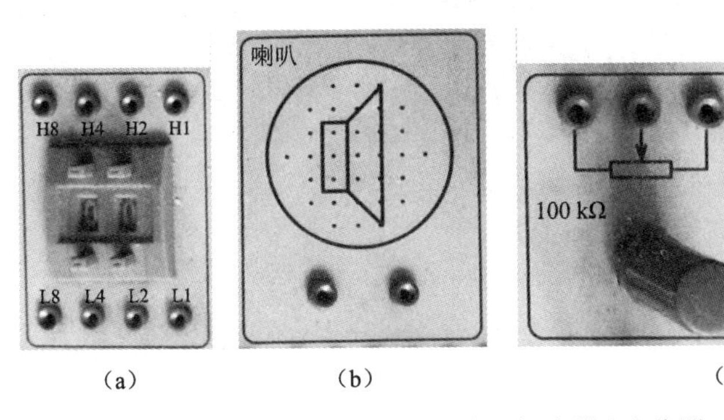

(a)　(b)　(c)

图 5-2-9　拨码盘、扬声器和电位器

(a) 拨码盘；(b) 扬声器；(c) 电位器

5.3　模拟电子技术实验箱

5.3.1　EEL-57 模拟电子技术实验箱

EEL-57 模拟电子技术实验箱如图 5-3-1 所示。模拟电子技术实验箱主要由 4 部分组成：电源、直流信号源、元器件区和工作区。

1. 电源

实验箱的电源分布如图 5-3-2 所示。

(1) 实验箱提供 ±5 V 与 ±12 V 直流电压。

(2) 实验中所需的电源电压全部由该部分供给。

2. 直流信号源

实验箱的直流信号源如图 5-3-3 所示。该部分提供两组 -5~+5 V 连续可调的直流电压信号。

图 5-3-1　EEL-57 模拟电子技术实验箱

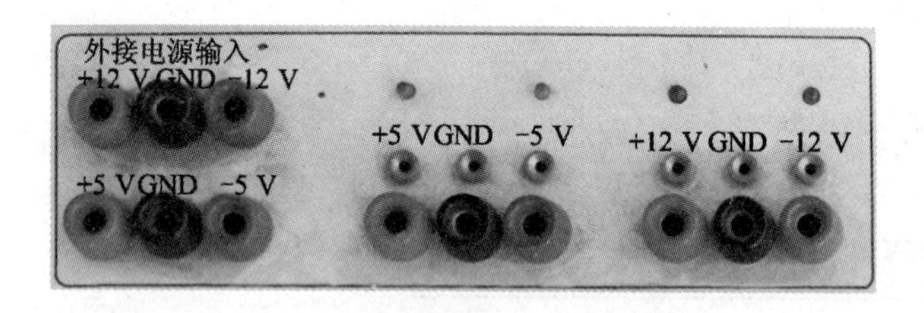

图 5-3-2　实验箱的电源分布

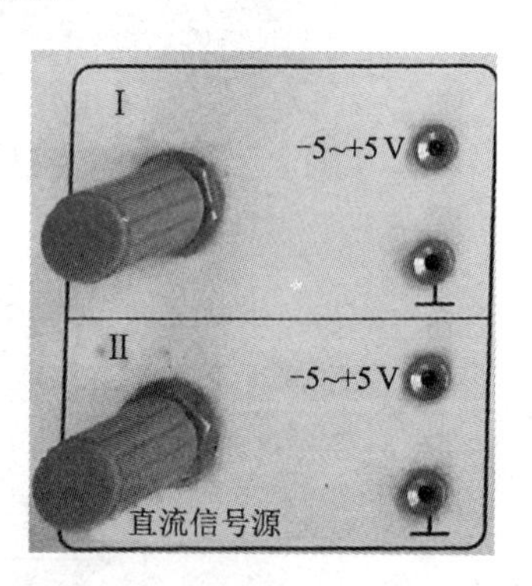

图 5-3-3　实验箱的直流信号源

3. 元器件区

实验箱的元器件区如图 5-3-4 所示。

元器件区提供的元器件有电位器、扬声器、大功率三极管、功率电阻、稳压二极管、普通二极管、电感线圈、指示灯、变压器、整流二极管、滤波电容器、集成稳压器、晶闸管、场效应管和固体继电器等。

4. 工作区

实验箱的工作区如图 5-3-5 所示。在工作区连接元器件组成电路。

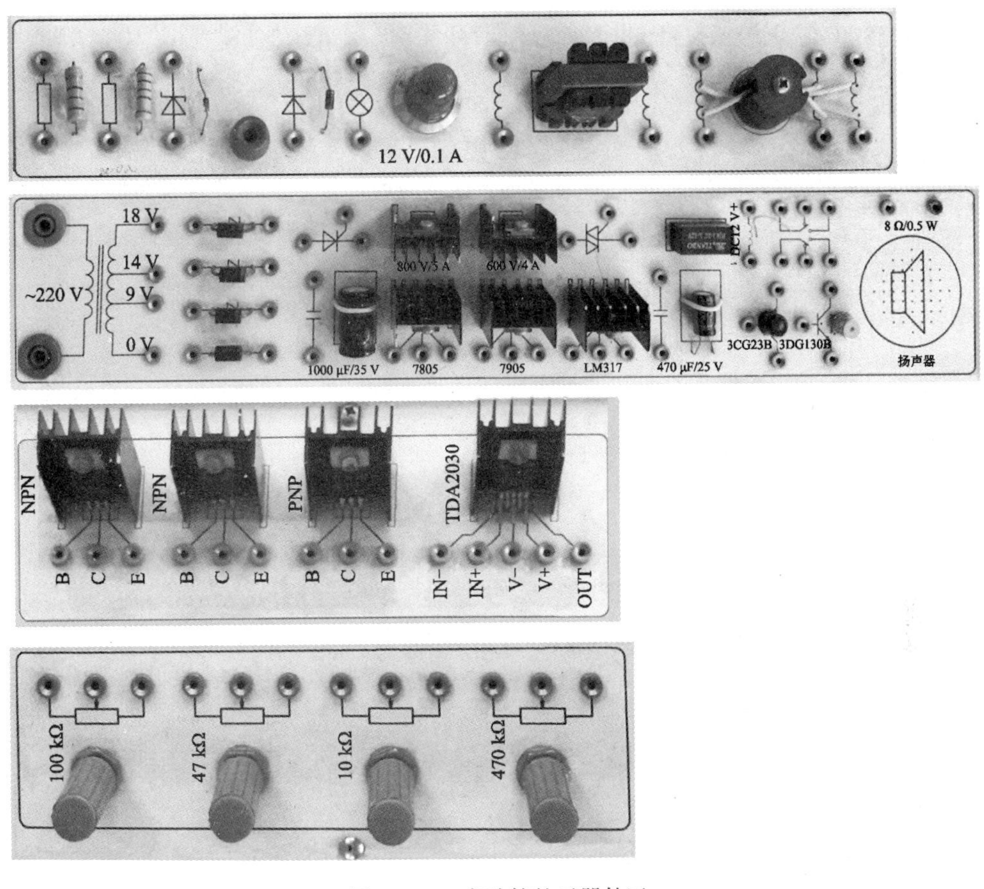

图 5-3-4　实验箱的元器件区

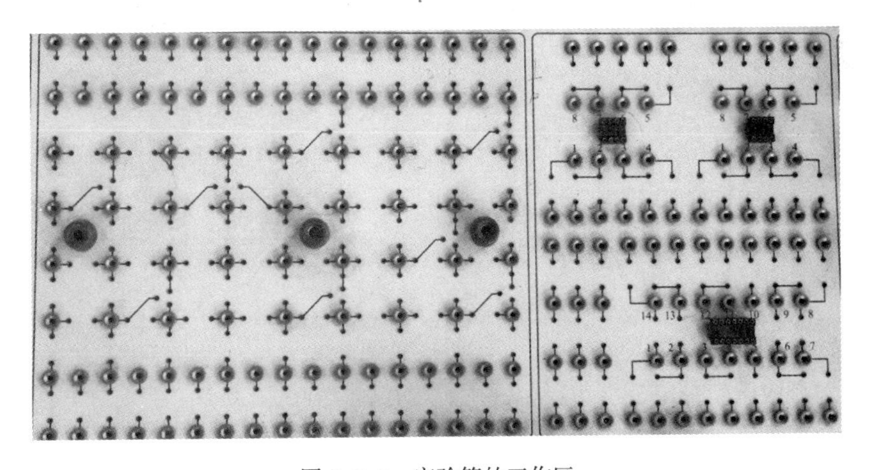

图 5-3-5　实验箱的工作区

5.3.2　DZX-3 型电子学综合实验装置

DZX-3 型电子学综合实验装置如图 5-3-6 所示。DZX-3 型电子学综合实验装置的模拟电子技术部分在实验装置的右半部分，提供模拟电子技术实验的测量仪表、直流电源、直流信号源、函数信号源和频率计等。

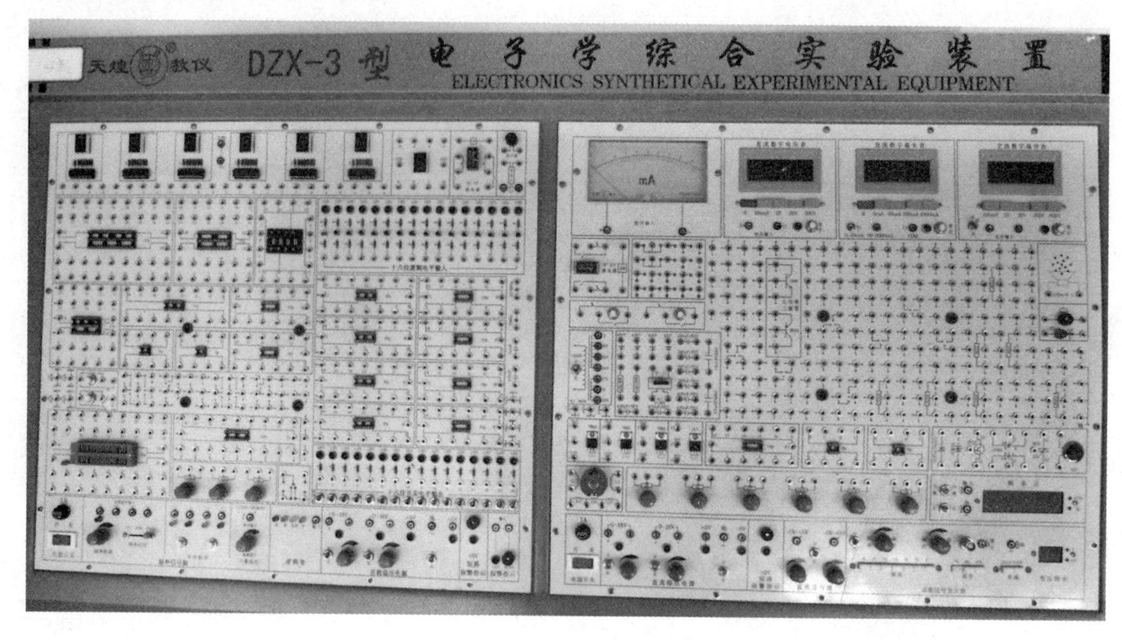

图 5-3-6　DZX-3 型电子学综合实验装置

1. 测量仪表

DZX-3 型电子学综合实验装置提供的测量仪表有直流数字电压表、直流数字电流（毫安）表、交流数字电压（毫伏）表，如图 5-3-7 所示。

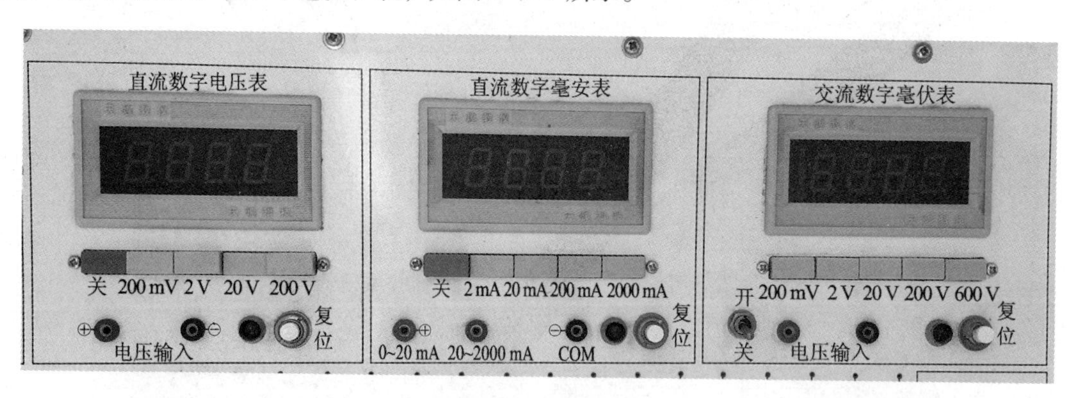

图 5-3-7　测量仪表

1）直流数字电压表

直流数字电压表的量程分为 200 mV、2 V、20 V、200 V 4 个挡位。

2）直流数字电流（毫安）表

直流数字电流（毫安）表的量程分为 2 mA、20 mA、200 mA、2 000 mA 4 个挡位。

3）交流数字电压（毫伏）表

交流电压（毫伏）表的量程分为 200 mV、2 V、20 V、200 V、600 V 5 个挡位。

2. 直流电源

DZX-3 型电子学综合实验装置提供的直流电源如图 5-3-8 所示。

直流电源有两组 0~18 V 连续可调的直流稳压电源、两组固定电压为 +5 V 与 −+5 V 的直流稳压电源。

3. 直流信号源

DZX−3 型电子学综合实验台提供的直流信号源如图 5−3−9 所示。

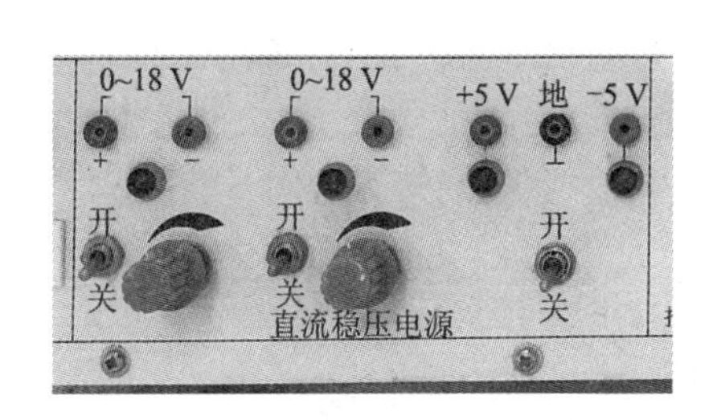

图 5−3−8　直流电源

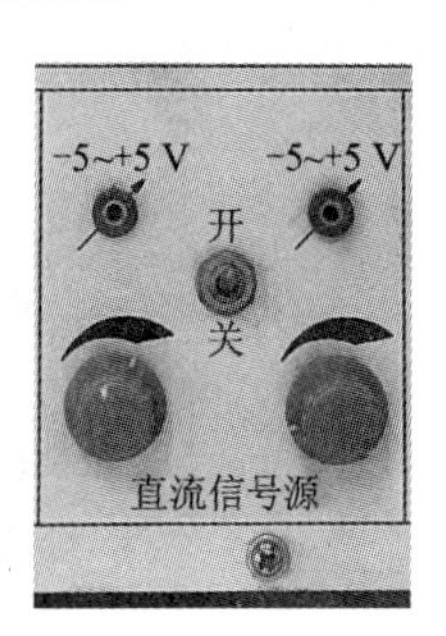

图 5−3−9　直流信号源

直流信号源有两组 −5~+5 V 连续可调的直流信号电压。

4. 函数信号源

DZX−3 型电子学综合实验装置提供的函数信号源如图 5−3−10 所示。

函数信号源可输出正弦波、方波、三角波 3 种波形，其输出频率范围为 2 Hz~2 MHz，输出频率分 7 个频段：2 Hz、20 Hz、200 Hz、2 kHz、20 kHz、200 kHz、2 MHz。输出幅度峰峰值为 0~16V_{P-P}，设有 3 位 LED 数码管显示其输出幅度（峰峰值）。输出衰减分 0、20 dB、40 dB、60 dB 4 挡。

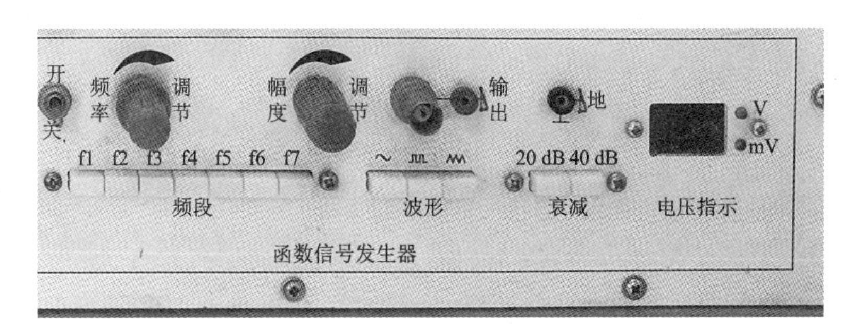

图 5−3−10　函数信号源

5. 频率计

DZX−3 型电子学综合实验装置提供的频率计如图 5−3−11 所示。

频率计为 6 位数字频率计，有内测功能和外测功能，其测量范围为 1 Hz~10 MHz。

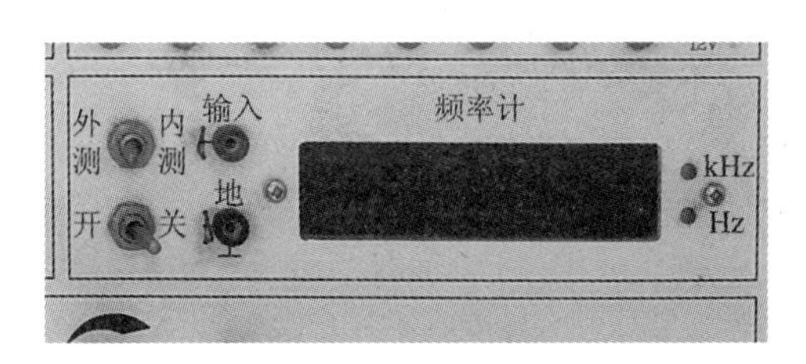

图 5−3−11　频率计

5.4 示 波 器

示波器用于显示信号的波形、测量信号的幅度及频率。

DS1052E 型数字双踪示波器如图 5-4-1 所示。示波器的使用步骤参见 3.1 节中的内容。

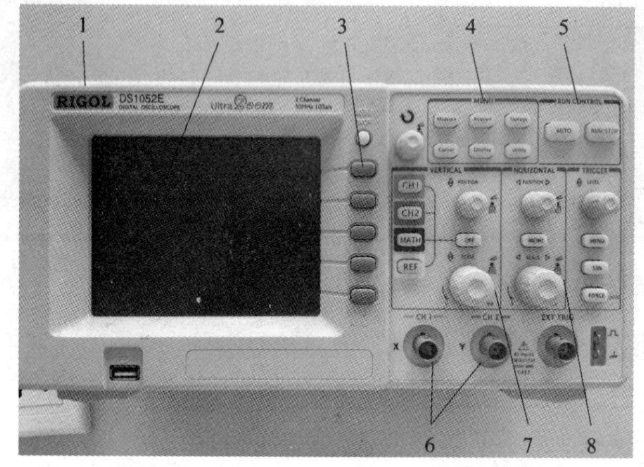

图 5-4-1　DS1052E 型数字双踪示波器

1—电源开关；2—液晶显示屏；3—菜单选择键；4—常用菜单键；5—运行控制键；
6—信号输入通道接口；7—垂直控制部分；8—水平控制部分

参 考 文 献

[1] 张维，赵二刚，李国峰. 模拟电子技术实验 [M]. 北京：机械工业出版社，2015.
[2] 曾建唐. 电工电子基础实践教程（上册）实验、课程设计 [M]. 北京：机械工业出版社，2007.
[3] 董毅. 电路与电子技术 [M]. 北京：机械工业出版社，2014.
[4] 唐朝仁. 模拟电子技术基础 [M]. 北京：清华大学出版社，2014.
[5] 唐朝仁，李姿，王纪. 数字电子技术基础 [M]. 北京：清华大学出版社，2014.
[6] 唐朝仁，李姿，詹艳艳. 电路基础 [M]. 北京：清华大学出版社，2015.